锦鲤养殖大全

北京市水产技术推广站 组编

中国农业出版社

北京

本书编委会

主　　编：贾丽　何川

编　　委：张黎　危智敏　王姝　黄文

　　　　　汤理思　李森　赵小双　范雪艳

序

  锦鲤源于中国,兴于日本,目前市面上流行的锦鲤起源于日本。与金鱼一样,锦鲤也是有历史、有文化的水中艺术品。锦鲤用雄浑的体魄、矫健的游姿、多变的色彩和刚强的气势征服了世界各地的观赏鱼爱好者,被越来越多的玩家喜爱和追捧,被称为"水中活宝石""风水鱼""好运鱼"。经过两百多年的发展演变以及人工选育,锦鲤已经有13个品系、100多个品种。养殖锦鲤逐渐成为一种时尚,给大众的生活带来更多美的享受。

  1973年,中日建交后不久,周恩来总理接受了日本首相田中角荣赠予中国的一批锦鲤,这些水中精灵作为和平的使者,带着两国人民友谊的初心,成为了中日观赏鱼爱好者连接的纽带,也翻开了两国交往的新篇章。

  20世纪80年代锦鲤养殖开始在广东兴起,很快就在我国大江南北落地生根、开枝散叶,经过三十余年的发展,国内的养殖业者用辛勤与智慧不仅成功使优质锦鲤本土化,还开发出了符合国人鉴赏标准的中国彩鲤、龙凤锦鲤、白金蝴蝶鲤等品种,丰富了锦鲤家族,扩展了锦鲤文化内涵。中国锦鲤界涌现出了一大批匠心业者,在学习、追赶国际先进繁育技术和养殖模式的同时,开始书写中国锦鲤的故事,引起了世界观赏鱼界的瞩目。

  本书介绍了锦鲤的历史文化、展览比赛、病害防治、养殖技术等相关内容,并首次在公开发行出版物中采用"白底三色"和"墨底三色"的锦鲤命名方式,以此鼓励我们的科研专家、生产业者在因地制宜、总结经验的基础上,敢于探索、不畏困难,生产出更多、更好的带有中国印记的锦鲤,树立我们的文化自信,提高我们的养殖技术,积累和保护好现有的种质资源,用开放交流的心态不断推动行业发展,创造中国锦鲤的辉煌未来!

  本书的编写参考了锦鲤业内苏建通、许品章、汪学杰等专家的著作,在此表示衷心感谢!由于编者水平有限,书中不足之处敬请广大读者批评指正。

2020 年 2 月

目　录

第一章

世界锦鲤概况

　　时至今日，锦鲤的足迹已经遍布世界各地，在中国、日本以及北美、欧洲、大洋洲、东南亚等地极受欢迎，甚至在非洲也有分布。不少地方都成立了相应的锦鲤协会和锦鲤俱乐部，积极组织锦鲤比赛。锦鲤有美丽的外表和与人亲近的温和性情，从而受到全世界越来越多人的喜爱，已成为国际性宠物鱼，其在各个地方的锦鲤拍卖会上，价格也越来越高。本章我们一起来探讨一下锦鲤的起源、文化以及在世界各地的现状。

第一节 锦鲤文化

一、锦鲤起源

日本新潟县，由于地处日本北部山区，冬天经常出现食物短缺的情况，因此，当地的农民很早就开始养殖食用鱼，鲤鱼就是其养殖的主要品种之一。公元1800年左右，新潟地区的农民发现养殖的鲤鱼中，出现颜色特别的变异品种，出于好奇，就把这些带颜色的鱼养在房前屋后的池子里，称之为"神鱼"，这就是现代锦鲤的祖先。经过养殖者对变异的鲤鱼进行筛选和改良，培育出具有浅红色网状斑纹的品种，类似现在的浅黄品种，后来又称之为"色鲤""花鲤"。使用"锦鲤"这一名字，是从日本明治时期（1867年）才开始的。到1914年，在日本的大正博览会上，展览了6个品种的锦鲤（黄写、白写、大正三色、阿部鲤、三毛、红白）。时至今日，锦鲤品种已经增加到13个品系、100多个品种，而且还陆续有新品种育出。

锦鲤是鲤鱼的变种，关于锦鲤的起源，究竟是源于野鲤还是红鲤，目前尚有争论。鲤鱼原产于中亚地区，并以此为中心向四周扩展，往东传到中国。由于历史原因，日本受到中国古代文化的巨大影响，有研究认

锦鲤壁画

为锦鲤是日本用从中国引进的鲤鱼培育出来的，时间不能确定，但日本鲤跟中国鲤同源是可以确定的。

"锦鲤"二字最早出现在中国的诗词里，有关锦鲤的描述，是唐朝诗人陆龟蒙所作的《奉酬袭美苦雨四声重寄三十二句·平上声》："层云愁天低，久雨倚槛冷。丝禽藏荷香，锦鲤绕岛影。"这里的"锦鲤"便是指金色和红色的鲤，由此可见，在中国唐朝时期，养殖有色观赏鲤就已经十分流行了。自唐朝以后，诸多诗词当中都能发现"锦鲤"的影迹，也说明有色鲤的玩赏早已深入到人们的日常生活当中。

二、 中国鲤鱼文化

中国的鱼文化渊远流长，可以追溯到 6 000 年以前。有些部落认为人是由鱼进化而来，甚至把鱼当作祖先，还把鱼作为图腾。在西安附近的半坡遗址，挖掘出十几种鱼纹彩陶，形象十分丰富，其中就有著名的"人面鱼纹"彩陶盆，这是早期有关鱼和人类的文化记录。

鲤跃龙门

在鲤鱼养殖方面，早在 2 400 多年前越国大夫范蠡就已经教人如何饲养鲤鱼，并著有世界上最早的养鱼专著——《养鱼经》。到了汉朝，中国人工养殖鲤鱼已经十分盛行。《诗经·尔雅》和《本草纲目》都把鲤鱼放在鱼类之首。在中国几千年的文化传承中，鲤鱼不仅成为人们餐桌上的一道美食，更是同中华传统文化产生了深厚关系。

寄托

鲤鱼对中国人的特殊意义自远古时期就已经开始了，恶劣的自然环境和生存条件迫使人类对自身的生存和繁衍予以特别的重视。而鲤鱼顽强的生命力和极强的繁殖力，刚好符合人类应对危机的美好愿望，在种族繁衍备受重视的古代，鲤鱼便成为繁衍子孙的隐喻。经过数千年的变迁，随着社会的发展与进步，这一意识流传至今，演变成了"双鱼图"和"莲鲤生子"等文化形态，使鲤鱼俨然成为美好爱情和多子多福的象征。很多海外华侨都有养鱼习惯，可能跟中华民族渊远流长的鱼文化息息相关。

书信

中国古代文学作品中常把书信称为"鱼书"，信函也仿鲤鱼的形状制成，这与鲤鱼游速极快，能"飞跃江湖"有关。东汉乐府诗中，蔡邕的《饮马长城窟行》有吟："客从远方来，遗我双鲤鱼。呼儿烹鲤鱼，中有尺素书。"诗中的"双鲤鱼"指的是用两块板拼起来的木刻鲤鱼，中间夹着书信。这种鲤鱼信封沿袭很久，一直到唐朝还有仿制，后来"鱼书"便成了书信的代称，人们用丝帛写好的书信，也打结成鲤鱼的形状。

孝道

到了晋朝，鲤鱼的象征被推向道德高度，成为孝道的象征。据《搜神记》记载，晋朝的王祥，早年丧母，继母朱氏对他不好，常在其父面前数说王祥的是非。他因而失去父亲的疼爱，总是被安排打扫牛棚。继母生病，他忙着照顾，连衣带都来不及解。一年冬天，继母朱氏生病想吃鲤鱼，但因天气寒冷，河水冰冻，无法捕捉，王祥便赤身卧在冰上，忽然寒冰化开，从裂缝处跃出两条鲤鱼，王祥高兴坏了，拿回家供奉继母。在崇尚孝道的古代，这种传说往往成为统治者极力宣传的对象，因此，这则流传甚广的故事就将鲤鱼和

孝道联系起来，"卧冰求鲤"也成了中国二十四孝故事之一。

高升

自隋唐以后，鲤鱼跳龙门便成了中举、升官等飞黄腾达的比喻，也成了一个吉祥的祝辞。《三秦记》中记载，"龙门山，在河东界。禹凿山断门一里余，黄河自中流下，两岸不通车马。每岁季春，有黄鲤鱼，自海及诸川，争来赴之，一岁中，登龙门者，不过七十二。初登龙门，即有云雨随之，天火自后烧其尾，乃化为龙矣。"其大意是说鲤鱼要化为龙，首先要跳过高高的龙门，还要经过天火烧其尾的考验，才能化为神龙，否则只能做一条鱼。这则神话传说的寓意十分明确，要想功成名就，就必须努力奋斗，必须经过艰苦磨难，激励着读书人要"吃得苦中苦，方为人上人"，只有用功读书，才能出人头地。

权力

唐朝时期，鲤鱼的地位达到顶峰，成为权力的象征。在唐朝以前，兵符是做成虎的形状，称为"虎符"。唐朝时期改虎符为鱼符，把铜铸成鲤鱼的形状，作为皇家权力的信物。一个原因是"鲤"与唐朝皇室的姓氏"李"同音，另一个原因是"鱼之主，能神变，能跃龙门而成龙"。唐朝不仅调兵遣将用鱼符，行政官员更替的信物也用鱼符。新任官员拿着朝廷的半边鱼符，与旧官员的另一半鱼符相合，这就表示官员调任的命令。

习俗

自唐朝以后，鲤鱼文化走向大众、民间，形成各种民间风俗和艺术。武夷山的五夫镇至今还有古老的"龙鲤戏"。在福建周宁县普源村有一条"鲤鱼溪"，溪中鲤鱼成群游曳，村民不能捕食，当鱼自然老死后，还要由族中德高望重的长者主持仪式，敲锣打鼓设祭品，将鱼焚化后埋葬，每年的清明节，村民都要到鱼冢去祭祀。在浙江一些地区，每年除夕要举行"祝福仪式"，将一条活鲤以红绳穿过它的背鳍，悬挂在木头做的龙门架上，再用红纸贴住它的眼睛，象征来年幸福安康。在陕西洛川人的婚俗里，新婚妇女在端午节时，须同娘家人一起吃先蒸熟再炕干的鲤鱼馍，儿童还要把鲤鱼馍挂在胸前。江西吉安的鲤鱼灯表演流传至今，并在2008年被列入国家非物质文化遗产名录。

艺术

鲤鱼还被民间工匠们请到了各种雕刻艺术作品中。有不少人家的门柱、屋顶、砖雕、石雕中，都可以看到鲤鱼的形象。民间吉祥图案中的鲤鱼，更是无处不在，年画、窗花、剪纸、雕塑、织品、器皿等，随处可见鲤鱼的身影。鲤鱼这种生物，在中华传统文化中具有深刻的内涵，蕴含着子孙绵延、丰收富裕、高升显达、孝顺多福的寓意。人们对鲤鱼的尊崇，其实是对美好生活的向往和追求。

立体锦鲤墙贴

第二节 锦鲤在全世界的现状

日本锦鲤量贩场

一、日本锦鲤的现状

目前，日本依然是锦鲤的主要生产国。据行业内权威专家分析评估，日本锦鲤及相关产业的市场规模达到每年120亿元人民币（汪学杰，2017）。20世纪90年代中期，日本开始用水泥池养殖锦鲤后，锦鲤的养殖模式和比赛模式也发生了巨大变化，开创了锦鲤养殖和品评的新时代。

锦鲤养殖遍布日本各地，深受日本国民的喜爱。新潟县是日本锦鲤的发源地，也是日本锦鲤鱼场最多、最集中的地方。相对于其他地方而言，新潟养殖锦鲤的时间最为长久，规模也最大，日本规模比较大的鱼场1/3都在新潟。很多鱼场都有几十年甚至上百年的历史，这些鱼场生产出了基因稳定遗传的锦鲤。遗传基因在锦鲤繁殖当中，对鱼的品质起到决定性作用，其他地方的种鱼多数都是从新潟引进的。

日本鱼场的现代化玻璃大棚

相对于其他国家和地区而言，日本养殖业者经过多年的养殖探索，积累了大量的种鱼资源和繁殖经验，所以日本锦鲤的品质始终比其他地方的锦鲤要高一筹。

日本锦鲤比赛早已闻名全球，最为著名的莫过于"全日本总合锦鲤品评会"（东京大赛）。东京大赛是全世界锦鲤爱好者争相参加的赛事。每当临近比赛，全世界众多的锦鲤爱好者齐聚日本，盛况空前。也正因为日本锦鲤如此受欢迎，其价格节节攀升。

2018年10月4日阪井红白"S传说"以2.03亿日元（约合人民币1 230万元）的价格创下锦鲤拍卖史上最高纪录。

自20世纪80年代开始，日本锦鲤走向国际，到20世纪90年代，日本锦鲤已经风靡全球，成为国际性宠物。随着水泥池循环水精养技术的不断提升，也给日本锦鲤养殖方式带来了前所未有的变革。很多鱼场紧跟形势，抓住时机，开创新的养鱼方式，如阪井养鱼场、冈山桃太郎鲤场、成田养鲤园等。水泥池养锦鲤成为主流，许多高精尖的硬件设备层出不穷，而锦鲤体型也越养越大，有很多体型超过1m的锦鲤，而往往体型大的锦鲤在比赛中占有很大的优势。

日本较大的鱼场每年繁殖1 500万~2 500万尾鱼苗，培养成商品鱼的有3万~6万尾，每年留养鱼1 500尾左右。尽管生产如此之多的锦鲤，市场仍然呈现供不应求的状况。如阪井养鱼场每年举办4次拍卖会，可达到8亿日元的交易额；冈山桃太郎鲤场70%的鱼销往中国，在中国有多家代理商；大日养鲤场每年培育6万尾商品鱼，还在继续扩大规模；其他鱼场也发挥各自的长处，拥有自己知名的锦鲤品系，如松江鱼场的红白、面迫鱼场的白写等早已世界闻名。

二、 锦鲤在其他国家

日本锦鲤早已出口到全世界，在东南亚、欧洲、北美等地尤其受欢迎，但是因地区差异，导致审美取向不同。东南亚地区的审美依然属于亚洲审美的范畴，都是以日本锦鲤品评会的标准为依据。因此，日本的锦鲤比赛大多数是亚洲人参与。

印度尼西亚的锦鲤场

泰国的锦鲤场

日本以温带和亚热带季风气候为主，夏季炎热多雨，冬季寒冷干燥，四季分明，到了春季，气温转暖，锦鲤就接收到了繁殖的信号，也就是锦鲤该产卵的时候了。而东南亚四季常温，属于热带气候，并不适合锦鲤繁殖。日本锦鲤在东南亚可以生存，但是感受不到季节的变化，繁殖信号紊乱。因此，东南亚地区主要以爱好者和流通商为主，由于气温较高，极少数养殖者把鱼池建在山上。东南亚的锦鲤比赛也曾火爆一时，20世纪90年代到21世纪初，以新加坡、马来西亚、印度尼西亚、泰国为代表的国家，每次锦鲤比赛都有600～1 200尾参赛鱼角逐名次，广大锦鲤爱好者交流十分密切。近年来由于锦鲤价格越来越高，很多人望而却步，爱好者相对减少一些。但锦鲤魅力不减，在东南亚依然极其受欢迎，仍然有不少人不惜花高价去购买一尾好鱼。

欧洲锦鲤比赛

欧美的锦鲤爱好者跟亚洲人的审美有所不同，他们往往喜欢亚洲人看来有奇形怪状的花纹或体型异常的锦鲤，比如德国人对贴分很钟爱，荷兰人喜欢九纹龙等，他们对锦鲤更像是对待宠物一样，注重自己养得开心，一尾锦鲤他们可以养几年，甚至几十年。欧美的锦鲤爱好者之间多是以展会的形式交流，对待锦鲤比赛的态度也比较平淡，在心态上没有压力。他们养殖十分注重硬件设施，很多爱好者早已实现远程遥控、全自动化管理，用"数据"养鱼，人只管欣赏锦鲤的魅力即可。他们不追求共性，更在意饲养过程所带来的乐趣。

第三节 锦鲤在中国的现状与未来

一、中国锦鲤的现状

江苏的锦鲤场（图片来源：苏信锦鲤场）

广东的锦鲤场（图片来源：团和锦鲤场）

当前，中国的锦鲤产业主要分布在经济比较发达的沿海地区，如广东、浙江、江苏、山东、上海、北京、香港、台湾等地，内陆的河南、湖北、四川以及东北三省等地也有少量分布。国内锦鲤相关产业的市场规模达到 40 亿元人民币，其中广东约占国内产出的 60%。中国的锦鲤主要以内销为主，出口份额不到国内总产量的 10%。

广东的锦鲤养殖场主要集中在珠江三角洲一带。20 世纪 80 年代初成立了第一家锦鲤公司"金涛锦鲤有限公司"后，不断有新的锦鲤养殖场诞生，并逐渐向其他省市扩散。早在 2009 年，整个珠江三角洲知名鱼场的锦鲤养殖面积就超过 1 333hm²。其中江门市更是两度获得中国渔业协会授予的"中国锦鲤之乡"称号，其锦鲤养殖面积在 2012 年就达到 720hm²，较大规模的锦鲤养殖场有 25 家，全市年产商品锦鲤 1 500 万尾，产值近 2 亿元。据有关部门提供的数据，2014 年整个珠江三角洲的锦鲤养殖面积已接近 2 000hm²，年产值超过 15 亿元。随着锦鲤行业的崛起，广东的锦鲤养殖场迅速发展到 100 多家，锦鲤养殖及相关产业的年产值已达 25 亿元。

我国台湾从 20 世纪 50 年代就开始有日本锦鲤传入，并且得到快速发展。在 21 世纪初，我国台湾

广东的锦鲤场（图片来源：长龙锦鲤场）

锦鲤行业的发展达到顶峰，辉煌一时，但历经锦鲤疱疹病毒病的打击后，锦鲤养殖场只剩60多家，许多爱好者也撤出了锦鲤行业。

北京市在全国锦鲤行业中占有举足轻重的位置，其锦鲤产业具有起步早、市场需求旺盛、普及程度高、科研力量强等特点。在北京市财政局、农业局等相关单位的支持下，北京市立足于本地资源情况，着眼于未来发展趋势，力争将北京锦鲤产业发展成为全国技术领先、配套完善、市场成熟、种质丰富的休闲渔业产业。

据统计，2018年北京锦鲤商品鱼养殖量为109.2万尾，养殖面积213hm^2，精品锦鲤平均每667m^{2}利润可达32 960元，涌现出一批实力雄厚、品质上乘、驰名中外的锦鲤养殖繁育场，每年输出锦鲤苗种约2亿尾。另外，近年来山东的锦鲤养殖产业发展迅速，锦鲤养殖场已经超过40家，养殖规模还在不断扩大。

20世纪90年代，中国锦鲤产业总体质量不高，而且参差不齐、差别巨大。虽然中国锦鲤业者跟日本锦鲤业者有密切的联系和交流，但是，中国依然存在优质锦鲤良种匮乏的情况，一方面是由于最好的种鱼难以获得，另一方面是种鱼配对技术还不成熟。实力弱小的锦鲤养殖场只能不断用自繁育种鱼进行近亲繁殖，导致养殖的锦鲤出现体型短小化、成熟低龄化的问题。中国锦鲤养殖场多数处于起步阶段，鱼场规模小，根基浅薄，在养殖技术方面不够专业，相比日本上百年的养殖历史，中国的养殖经验积累时间短，处于提高质量和技术完善阶段。一些有实力的锦鲤养殖场以生产高档锦鲤和提供高端良种服务为目标，而生产技术方面的经验不足成为其发展的瓶颈。另外，在种源方面，我国对日本存在很强的依赖性，维持高品质锦鲤的难度大、成本高。

　　直到近几年，中国自产锦鲤才有了长足的进步，一些有实力的大鱼场，通过十几年的艰苦摸索，掌握了一套成熟的种鱼配对技术，加上合理的养殖方法，自产的锦鲤跟日本锦鲤相比，在花纹和体型上相差无几，甚至许多养殖者将国内某些自产锦鲤误认为是日本锦鲤。虽然中国锦鲤在大型化方面与日本仍然有一定的差距，但中国自产锦鲤的品质正在迎头追赶。相信不久的将来，中国也能生产出和日本同样品质的锦鲤。

中国自产锦鲤（图片来源：宁波郭斌养鲤场）

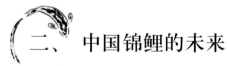

二、 中国锦鲤的未来

　　中国的锦鲤市场有巨大的发展潜力，消费群体主要分布在珠江三角洲、长江三角洲、京津冀和经济发展迅速的其他地区；从覆盖人群的数量来看，饲养锦鲤的人数逐年提高，中国的锦鲤产业仍有巨大的发展空间。

　　华人自古就有养鱼、赏鱼的传统，可以怡情养性、陶冶情操。不论是在庭池饲养还是景区饲养，都能给人带来愉悦的心情。锦鲤具有很强的生命力，相对于其他观赏鱼类，锦鲤更适合户外养殖，也符合中国人的审美标准。锦鲤优美的游姿、富贵的体型、艳丽的色彩、多变的花纹，使其非常适合与庭院景观结合起来，因此，锦鲤在中国越来越受欢迎。

　　中华文化历史悠久，很多关于鱼的美好寓意早已深入人们的心中。如"鲤鱼跃龙门"，既有对子孙后代的期望，也有

锦鲤群游

对自己奋发向上的要求。锦鲤在这方面符合中国人的精神需求，使国人对锦鲤钟爱有加，很多没有庭院的家庭，也想方设法克服困难，采取多种办法养殖锦鲤，比如在阳台建池、用玻璃鱼缸等。

中国锦鲤养殖仅有几十年的历史，虽然发展快速，但品质跟日本锦鲤相比还存在一定差距。尽管如此，中国锦鲤早在十几年前就已经走向国际市场，相同规格的锦鲤单价只有日本的1/10左右，较低的价格有利于中国锦鲤

土 塘

打开国际市场。随着锦鲤被广大群众所熟知，多数锦鲤输入国的初级消费者对锦鲤的品质要求不高，主要是从中低档产品入手，而这方面反而成为中国锦鲤的优势所在。此外，中国有庞大的人口基数，本身就是一个巨大的消费市场，将来有望成为世界最大的锦鲤生产地和集散地。

当然，中国的锦鲤产业发展还存在一些困难，其发展前景受经济、环境的影响，过程可能会有曲折坎坷，但是一切都在向好的方向发展。相信中国的锦鲤行业会不断壮大，越来越成熟和完善，激发出更旺盛的生机与活力。

中国锦鲤大赛（2019 年）

第二章

锦鲤的生物学及生理特征

【锦鲤外观侧面图】

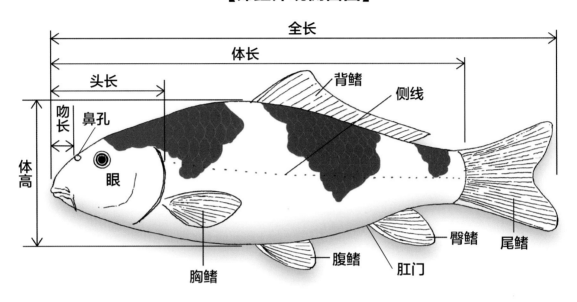

全长
体长
头长
吻长
鼻孔
眼
体高
胸鳍
腹鳍
肛门
背鳍
侧线
臀鳍
尾鳍

【锦鲤解剖图】

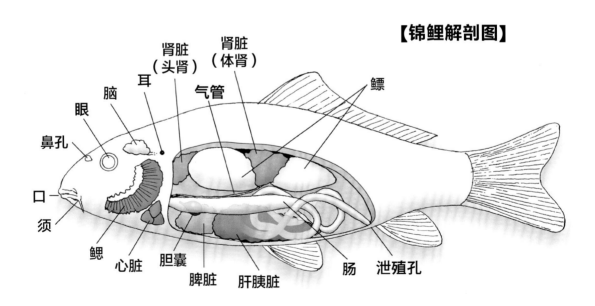

肾脏（头肾）
肾脏（体肾）
脑
耳
气管
鳔
眼
鼻孔
口
须
鳃
心脏
胆囊
脾脏
肝胰脏
肠
泄殖孔

第一节 锦鲤的生物学特征

一、 锦鲤的生物学特征

锦鲤

锦鲤不是自然选择的物种，而是人工培育的品种。锦鲤的生物学特征和生活习性跟鲤鱼是一样的，在生物学上，锦鲤跟鲤鱼同属于硬骨鱼纲辐鳍亚纲（Actinopterygii）鲤形目（Cypriniformes）鲤科（Cyprinidae）鲤属（*Carpio*）。体侧扁，纺锤形；吻须 1 对，较短。颌须 1 对，较长；体被圆鳞，侧线鳞 32 ～ 39 枚，侧线上鳞 6 ～ 7，侧线下鳞 6。背鳍 IV －17 ～ 20，臀鳍 III －5，胸鳍 I －15 ～ 16，腹鳍 1 ～ 8，尾鳍 17。背鳍基部较长，背鳍和臀鳍鳍棘粗壮，带锯齿。

二、 锦鲤的生活习性

锦鲤是鲤鱼的变种，与鲤鱼属同一个物种。锦鲤主要品系有 13 种，各品系之间的亲缘关系很近，形态没有差别，以不同色泽和鳞片变异作为区分品系的依据。色泽是色素分布以及鳞片表面的虹彩细胞的差异造成的，鳞片变异则由基因突变所引起。

锦鲤杂食性，荤素兼食，可摄食软体动物、昆虫、水蚯蚓、水草、谷物和人工饲料等，通常生活于水体中下层，喜群游，性情温和，在自然界可生活于河流湖泊、水库、池塘及人造水体中。锦鲤对水温、水质等条件的要求不严格，但是生命力不及野鲤，可适应 2 ～ 33℃的水温，最适生活水温为 22 ～ 28℃。当锦鲤由一个水体转移到另一水体时，成鱼可以忍受的温差不超过 5℃，幼鱼不超过 2℃。

锦鲤喜欢弱碱性的水体，最适 pH 为 7.1 ~ 7.3。锦鲤对水的硬度要求不严格，但是水体硬度过低的话，会对其生长发育造成不良影响。由于人工养殖的原因，锦鲤的耐低氧能力不及野鲤，比较容易浮头，这也是锦鲤养殖中需要注意的问题，养殖水体溶解氧浓度需要在 5mg/L 以上，不宜超过 8mg/L，土塘饲养则需要控制好养殖密度。

锦鲤的生长速度很快，一般养殖条件下，当岁鱼可以长到 30 ~ 40cm，在冬季加温饲养的情况下，当岁鱼可以长到 40cm 以上。锦鲤的生长速度跟养殖密度有关，密度越低其生长速度越快。在自然大水体条件下，锦鲤的性成熟年龄雌性为 2 冬龄，雄性为 1 ~ 2 冬龄，初次性成熟跟水温和营养有直接关系。锦鲤产黏性卵，受精卵附着在水草茎叶、树根或上层水体中的其他物体上。锦鲤一般怀卵量为 10 万 ~ 30 万粒，产卵温度一般在 16℃ 以上，每年的 3—5 月为主要产卵期，受精卵在 25℃ 水温下孵化出鱼苗需要 3 ~ 4d。

在人工养殖条件下，为了使锦鲤快速生长、获得丰满的体型，饲养者会每天投喂高蛋白饲料，这虽然会使其快速生长，但也给鱼体带来了极大的负担。因此，一般人工饲养的锦鲤寿命只有二三十年。在自然环境下，锦鲤寿命长达 70 年甚至更长，所以，人工养殖过程中，需注意给锦鲤营养均衡的食物，有利于锦鲤的健康成长。

第二节 锦鲤的生理构造

形态优美的锦鲤

 一、 锦鲤的外观形态

锦鲤体表有绚丽的色彩和变幻多姿的斑纹，故得其名，是风靡世界的一种高档观赏鱼。锦鲤身体分头、躯干和尾 3 部分。头部前端有口，口角生 1 对吻须和 1 对颌须，中部两侧有眼，眼前上方有鼻，眼的后方两侧有鳃。从躯干至尾部，依次生长着 1 对胸鳍、1 对腹鳍，背鳍、臀鳍、尾鳍各 1 个。鱼体上覆盖着鳞片，两侧各有 1 条自鳃盖后缘通向尾柄的侧线。口缘无齿，但有发达的咽齿。不同品种锦鲤之间，色彩、斑纹是不一样的。

体高与体长

野生鲤比养殖鲤的体高要低一些，体型细长，非常苗条。自然繁殖的鲤，体高与体长的平均比例是1：3.6，食用德国鲤体高与体长的比约为1：2，两者交配之后的日本锦鲤经选育，其体高逐渐增高。为了培育出新品种或是优良锦鲤，生产者们积极地将德国鲤遗传基因引入锦鲤，以求改良，于是培育出了带有大量德国鲤遗传基因的日本锦鲤。从锦鲤的体型也能清晰地看到德国鲤的基因性状。体高较高，体宽也就加宽，这种体型模样，势必会给人更矫健的印象。在锦鲤体型改良方面，德国鲤发挥了重大作用。

鳍

锦鲤的胸鳍具有运动、转向、维持身体平衡的功能，其能自如地利用胸鳍完成前进、制动、后退等动作。腹鳍、背鳍、臀鳍起到维持身体平衡的作用。臀鳍是锦鲤的"舵手"，与胸鳍、尾鳍的动作相呼应，决定锦鲤的行进方向。锦鲤游动时，背鳍激起水花、泛起波纹，完美地体现出锦鲤的雄壮之美。尾鳍由鳍条组成，有推进身体和转向作用。鳍条部被切除或折断后，过一段时间可以再生。脑部支配所有的鱼鳍运动。无论是从功能角度还是审美角度看，锦鲤的鳍都是极其重要的器官。

皮色

锦鲤的皮色非常具有观赏性。锦鲤各种各样的色彩，是埋藏于表皮组织及鳞片下面的色素细胞聚集或扩散的结果。锦鲤表皮的色素细胞有4种：黑色素细胞、黄色素细胞、红色素细胞和虹彩细胞（又称白色素细胞）。色素细胞的聚集或扩散与感觉器官及神经系统均有关联，对光线尤其敏感，从而使锦鲤表现出艳丽夺目的色彩和斑纹。

表皮与真皮

从锦鲤的外观看，鱼体的大部分都被鱼鳞所覆盖，排列于体表的鱼鳞是皮肤的一部分。皮肤由外侧的表皮和内侧的真皮两部分组成，鳞是真皮的一部分。表皮组织包含多种细胞，但主要由黏液细胞和棒状细胞发挥作用。黏液细胞分泌黏液，在体表形成黏液层，可以防止寄生虫、病原菌等附着，减缓外部攻击，起到保护体表的作用，也减少在水中运动的阻力。棒状细胞又名警告物质细胞，当鱼遭遇天敌攻击、渔网追捕时，就会分泌出保护性物质，通知同伴有危险。真皮的上层组织呈疏松状态，下层呈致密状态，包裹鱼鳞的鳞囊排布在下层，鱼鳞基部埋在真皮中。皮肤下面有皮下脂肪层，其中有血管、神经分布。

眼

锦鲤的眼睛位于头部的两侧，因而视野很广，单眼水平视野范围可达160°～170°。锦鲤无真正的眼睑，眼完全裸露，不能闭合，也没有泪腺，不会流泪。虹膜不能运动，因而瞳孔不能调节，所以锦鲤不能分辨比较细小的东西，同时也不喜欢强烈的直射光。

锦鲤眼部正视（左）和侧视（右）图

口部上下各有 1 对须

口

锦鲤的口为端位口，既是捕食的主要工具，也是水流进入鳃腔的主要通道。锦鲤的口腔内没有牙齿，因而不能进行咀嚼。但在咽部左右各有 3 颗咽齿，用以碾磨食物。

鼻

鼻是锦鲤的嗅觉器官，位于眼睛前方，前后鼻孔由瓣膜隔开，鼻孔并没有水流可以通过的地方。

须

锦鲤的口边有 1 对吻须和 1 对颌须，须表皮内含味蕾感觉细胞。锦鲤利用味蕾判断食物的味道。放养在土塘的锦鲤会把泥刨起来找食物，此时须就是味觉器官的"天线"，能够辨别出什么能吃，什么不能吃。感觉能吃的，锦鲤就先吃到嘴里，发现不能吃再吐出来。

鳞片

鳞片是由真皮细胞分化而成的，具有保护鱼体的作用。鱼鳞前端斜插入真皮内，整齐地排列于体表。鳞片脱落还能再生，但是鳞片再生会导致乱鳞的现象。鳞片像树木一样具有年轮，据此可以推算锦鲤的年龄。

鼻 孔

侧线

锦鲤鱼体两侧中央各有一条从鳃盖一直延伸至尾部的侧线，生有侧线的这一列鳞叫侧线鳞，侧线是鱼的感觉器官。侧线鳞的数量是 32 ~ 39 枚，平均 36 枚。侧线可以感觉到水流、表面波和近场声波三种机械刺激，测定方向，它可以准确测出昆虫落入水中的方位。侧线感受到的音域比人类宽 9 倍。同时侧线还有保持身体平衡的作用，一尾锦鲤如果无法保持平衡，那么其他条件再好也失去了观赏价值。

性别特征

雌鱼较雄鱼的腹部肥大，肛门处雌鱼宽平近圆形，雄鱼较小呈长椭圆形。达到性成熟、进入繁殖阶段的雄鱼胸鳍边缘鳍条上有粗糙角质状突起，即"追星"。

二、 锦鲤的内部构造

锦鲤的内部构造由呼吸系统、循环系统、消化系统和泄殖系统组成，各个系统之间协调运作，共同完成锦鲤身体机能的新陈代谢。

呼吸系统

锦鲤没有肺，以鳃呼吸。鳃是一个非常柔嫩的器官，外部有鳃盖保护。锦鲤通过鳃瓣把水中的溶解氧吸收到血液中，同时排出二氧化碳，这一过程就是锦鲤的呼吸。锦鲤的鳃还有排出体内氨和尿素，调节渗透压的功能；剩余的含氮污物，由肾脏以尿素的形式随尿液排出。另外，鳔是锦鲤的辅助呼吸器官，有辅助呼吸的作用。鳔是由原肠管突出的盲囊所形成，鳔位于脊椎的正下方，分为两室，较大的是前鳔室，较小的后鳔室。鳔里充填的气体主要是氧气、氮气和二氧化碳，氧气的含量最多，所以，在缺氧的环境中，鳔可以作为辅助呼吸器官，为鱼提供氧气。锦鲤通过鳔肌控制鳔的收缩和膨胀，使体内空气的含量产生变化来调节身体的相对密度，在水中受到的浮力也会随之变化，达到上升或下沉的目的。

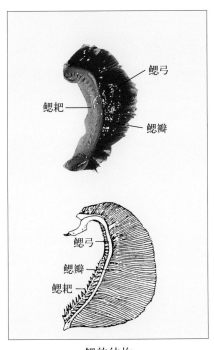

鳃的结构

两岁墨底三色鳃（头上）解剖图

从头侧面可见 5 对鳃，由鳃耙、鳃弓、鳃瓣构成，最里面的鳃没有鳃瓣

循环系统

    锦鲤的血液循环为封闭式单循环,路径是:心脏→鳃→背大动脉→毛细血管→静脉→心脏。锦鲤通过血液将氧气、营养物质以及激素运送到体内各个器官和组织内,并把代谢废物排出体外。循环系统由液体和管道两部分组成,液体分为血液和淋巴液,管道分为血管系统和淋巴系统,血管系统包括心脏、动脉、静脉、微血管网。锦鲤的淋巴系统不发达。

心脏和动脉球(离体观察)

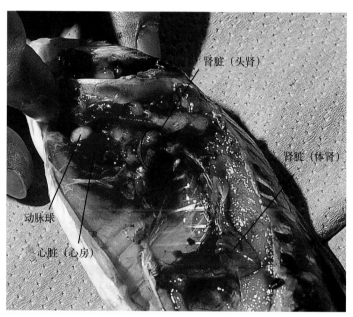

心脏和动脉球(在体观察)

消化系统

    锦鲤的消化系统包括消化道和消化腺两部分。消化管是一条肌肉管,从口开始,向后延伸,经过腹腔,最后以泄殖腔或肛门开口于体外。消化管包括口咽腔、食道、肠、肛门等部分;消化腺由肝胰脏、胆囊等组成。肝脏能分泌胆汁,胰脏能分泌胰液,其中含有蛋白酶、脂肪酶、糖类酶(如淀粉酶、麦芽糖酶),能分解蛋白质、脂肪、糖类。肝脏具有储存糖原的功能,以调节鱼体血糖的水平。消化系统具有运输、机械处理、化学处理和吸收等作用。

咽齿所在位置

胆囊所在位置

雄鱼的肛门

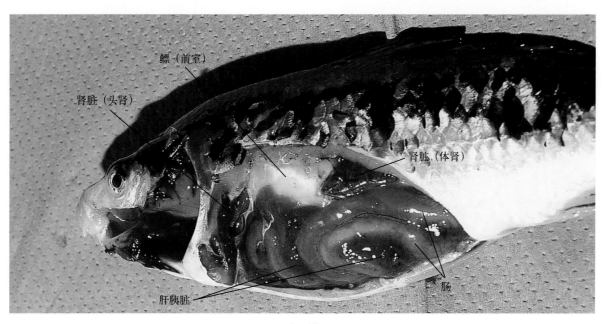

内　脏

泄殖系统

　　锦鲤的泄殖系统由排泄系统和生殖系统组成。锦鲤的排泄系统和生殖系统都是通过泄殖孔将体内物质排出体外。锦鲤的排泄系统包括肾脏、输尿管、膀胱和尿道等结构。排泄系统的主要功能一是排出对鱼体有害的代谢最终产物，如氨、尿素、酸根等；二是维持体液理化因素的恒定，保证组织器官正常活动时所必需的内部环境条件，如水的平衡、渗透压及酸碱平衡等。锦鲤属于卵生动物，生殖系统由生殖腺（卵巢、精巢）和生殖导管（输卵管、输精管）组成。臀鳍基部前端有泄殖孔，分别连通直肠、尿道与生殖腺，精子、卵子在生殖腺中形成，当精子、卵子成熟以后，通过泄殖孔排出体外，在体外受精。

第三节 锦鲤发色机理

锦鲤以其艳丽的颜色和优美的体态为人们所喜爱，其艳丽的体色是类胡萝卜素、黑色素和鸟嘌呤等多种物质共同作用的结果，其中类胡萝卜素的作用尤为重要。繁殖业者通过育种、人工筛选、控制饲养环境、调节饵料等手段培育高品质锦鲤。

锦鲤的色彩来源于皮肤内部的色素细胞群。锦鲤的皮肤由表皮、表层真皮、中层真皮、下层真皮和皮下组织构成。表层真皮是肉眼可见的部分，鳞片表面附着石灰质层，分布着大量色素细胞。中层真皮由骨质真皮（鳞）和软质真皮（包裹鳞片的部分）组成，也是色素细胞大量分布的地方。底层真皮组织厚而强韧，亦有色素细胞分布，但数量很少且分散。皮下组织连接底层真皮与肌肉的部分，可见黑色素细胞和虹彩细胞。

锦鲤的色素细胞有四种：黑色素细胞、红色素细胞、黄色素细胞和虹彩细胞（又称白色素细胞）。

锦鲤艳丽的颜色

色素细胞的发生、分化、迁徙及物质运输对锦鲤体色形成及发育有重要意义。

黑白双色锦鲤含有黑色素细胞、黄色素细胞和虹彩细胞三种色素细胞类型；三色锦鲤含有黑色素细胞、红色素细胞、黄色素细胞和虹彩细胞四种色素细胞类型；红白双色锦鲤含有红色素细胞、黄色素细胞、虹彩细胞三种色素细胞类型；黄金锦鲤仅含有黄色素细胞和虹彩细胞两种色素细胞类型。

一、 色素细胞

虹彩细胞

虹彩细胞 (Iridocyste) 又叫鸟嘌呤色素细胞或白色素细胞，其呈色物质主要是与水结合成晶体的鸟嘌呤色素，单独存在的鸟嘌呤不能呈色。我们看到光泽类锦鲤和金银鳞锦鲤的身上都闪耀着美丽的光芒，

就是存在鸟嘌呤色素的结果。

锦鲤的鸟嘌呤色素大致分为两种，一种潜藏于光泽类锦鲤全身真皮层，另一种主要集中在金银鳞锦鲤的鳞片前端。用指甲在金银鳞锦鲤的鳞片内侧刮拭，其脂肪层就会脱落并粘到指甲上，其中就含有鸟嘌呤色素。

红色素细胞和黄色素细胞

红色素细胞(Erythrophore)和黄色素细胞(Xanthophore)的呈色物质均为类胡萝卜素和蝶啶，它们能过滤固定波长的光使鱼体发色。蝶啶可在鱼体内形成，而类胡萝卜素不能在鱼体内形成，必须通过食物摄取。在遗传方面，红、黄色素细胞相对黑色素细胞和虹彩细胞是隐性。黄色素细胞中带黄色的蝶啶比例较高，红色素细胞中呈现橙色或红色的类胡萝卜素的比例较高。红色素细胞决定红色－橙色，只有一个细胞核；黄色素细胞决定黄色－橙色，有两个细胞核。

黑色素细胞

黑色素细胞(Melanophore)含有一种黑色素，称为皮肤黑色素。这种色素因为吸收光线而显现出黑色或棕色，分布在表皮层和真皮层。表皮层中黑色素细胞可变化，而真皮层中该细胞形状相对固定。黑色素细胞在鱼类发育过程中的不同时期、不同区域的形态和生理特性不相同。黑色素可在体内形成。将

银鳞红白

赤松叶黄金

各种原料合成黑色素的关键激素是酪氨酸酶，当酪氨酸酶缺失时，黑色素将无法被合成，因此产生白化现象。

二、 锦鲤的体色变化和遗传

锦鲤的体色会随着生长发育以及环境的改变而发生变化。体色变化分为形态学体色变化和生理学体色变化。

形态学体色变化主要涉及表皮层的色素细胞，包括色素细胞和色素颗粒量的变化及色素细胞在表皮层中的迁移。这种变化的过程非常缓慢，通常需要数月或更长的时间，变化结果通常是永久性的。生理学体色变化主要涉及真皮层色素细胞，多为色素颗粒的聚集或扩散以及受神经调节和激素调节的机理变化。

松川化等化类锦鲤和与化类有血缘关系的墨底三色、九纹龙等锦鲤的体色随着季节和水温的变化非常明显，主要是这几类锦鲤的黑色素颗粒比较容易分散。其中九纹龙受外界因素影响产生体色变化尤为明显，因此被冠以"变脸大师"的外号。而白底三色的墨一般会在特定处集聚，在幼鱼时期变化很明显，4龄后就日益稳定了。

红白锦鲤在幼鱼时期的绯斑也会有明显的变化，2～4龄后绯斑趋于稳定，是色素细胞上浮、下沉和集聚的结果。但由于锦鲤体内无法生成类胡萝卜素，含该色素食物的摄入会对红白锦鲤的体色有明显影响。

在遗传方面，有研究认为锦鲤的黑色体色相对其他体色而言是显性，而且是独立遗传的；在没有黑色体色的影响下，白色相对于红色和黄色是显性。目前对鱼类多体色性状的遗传机制研究还没有定论，需要进一步深入探讨。

三、 色扬

锦鲤红色体色的呈色物质主要是类胡萝卜素，可见于鱼类的类胡萝卜素有数十种，可见于锦鲤的主要有叶黄素、玉米黄质、虾青素三种。叶黄素和玉米黄质属黄色系色素，虾青素属红色系色素。

叶黄素

叶黄素（Lutein）是一种重要的抗氧化剂，又名"植物黄体素"，在自然界中与玉米黄质共同存在，广泛存在于天然植物当中。在众多

色扬饲料

富含叶黄素的植物当中，小球藻、螺旋藻等藻类，卷心菜、南瓜、胡萝卜等蔬菜，对锦鲤有较为明显的色扬效果。如果过度补充叶黄素，该色素就会被储存到锦鲤的白色皮肤上，导致白底发黄，但锦鲤的新陈代谢很旺盛，减少叶黄素摄入量后，黄色会逐渐消退，再次形成漂亮的白底色。

玉米黄质

玉米黄质 (Zeaxanthin) 亦称玉米黄素，是一种含氧的类胡萝卜素，与叶黄素属同分异构体，广泛存在于绿色叶类蔬菜、花卉、水果、枸杞和黄玉米中。颤藻和微胞藻类富含玉米黄质。锦鲤正常发挥代谢功能时，可将黄色系的玉米黄质转化为红色系的虾青素。

虾青素

虾青素 (Astaxanthin)，又名虾黄质、龙虾壳色素，是一种类胡萝卜素，呈深粉红色，化学结构类似于 β－胡萝卜素。而 β－胡萝卜素、叶黄素、角黄素、番茄红素等都是类胡萝卜素合成的中间产物。虾青素具有较强的抗氧化性。该色素广泛存在于生物界，磷虾、蟹等的甲壳中含虾青素较多。红鲑鱼的肉质发红也是因为它们摄食含有大量虾青素的虾类。锦鲤体内的虾青素以红色素细胞的形式存在于真皮中。

色扬饲料

与其他鱼类一样，锦鲤体内也不能合成类胡萝卜素，并且类胡萝卜素会被锦鲤正常的新陈代谢排出体外，如不通过食物补给类胡萝卜素，锦鲤的绯色就会逐渐褪色，而经常使用色扬饲料的锦鲤和养在含类胡萝卜素丰富藻类的野池里的锦鲤，则可以保持鲜艳的绯色，甚至绯质越来越红。不同来源和不同种类的类胡萝卜素对鱼体的色扬效果不同，类胡萝卜素的添加量和投喂时机也会影响色扬效果，这促使人们开发和研究色扬饲料。目前市面上的色扬饲料品类繁多，每个品牌都有自家独特的配方。

市售含螺旋藻成分的色扬饲料

第三章

锦鲤的品种与鉴赏方法

　　锦鲤是一个活的艺术品，在鉴赏方面上，仁者见仁，智者见智，文中所讲的鉴赏标准，是从专业角度做出的说明。比赛是表现锦鲤美的一种渠道，通过比赛，可以统一人们对美的标准的判断，同时也能让不同的美得以展示，是评判爱好家饲养水平的最好平台。

第一节 锦鲤的基本鉴赏标准

鉴赏锦鲤就是对锦鲤品质高低的鉴定和优点的欣赏，简单地说就是要明白一条锦鲤好在哪里。鉴赏实际上包括品质鉴定和欣赏两个方面，这两方面是相辅相成的。鉴赏锦鲤并没有固定的明文规则可以遵循，总体来说，鉴赏的基本标准在于整体的协调感，这需要评判者拥有比较高的品质鉴定水平和丰富的经验。

一般而言，锦鲤的鉴赏主要有"看体型、品色泽、赏花纹、盯游姿"这四个方面。不同地区、不同场合、不同规格或不同品系的锦鲤，鉴赏的侧重可能有所差异，但是都脱离不了这四个大方面。在日本正式的锦鲤比赛中，满分为 100 分，其中体型占 40 分，色泽占 30 分，花纹占 20 分，游姿占 10 分。中国锦鲤比赛参照日本的标准，但也存在一些地区性差异。

世界各地的锦鲤爱好者都会组织各自地区的锦鲤比赛活动，爱好者们常常把自己最得意的鱼拿来比较一番，得分最高的获得"全场总合冠军"。鉴赏水平对爱好者和养殖业者都很重要，鉴赏能力强，才能从"万鱼丛中"挑选出优质的个体。对于锦鲤的美，每个人的看法不尽相同，为公平起见，比赛的评分标准尽量数据化。这里为大家介绍国际通用的锦鲤赛事评分标准。

一、 基本鉴赏

看体型

体型在锦鲤比赛中是最重要的品评要素，成年的锦鲤以健硕的体型为美。在比赛中，御三家的体型评分占 40%，其他有些品系体型的评分占比更大，如黄金、白金这样的单色系，由于体表没有花纹，品质高低主要是看体型。锦鲤主要是从背部进行观赏，俯瞰锦鲤，脊柱要笔直而且左右对称。跟肥胖不同，健硕的锦鲤看起来是强壮的：头部圆润；躯干魁梧壮实；尾柄粗壮有力；胸鳍左右对称，轮廓清晰，基部宽大有力；胸鳍与腹鳍之间最宽厚，也是鱼体体围最大的地方；两眼之间的宽度比身体最大宽度略小，从躯干向尾柄过渡平缓，而不是猛然收细；从侧面观察，背部和腹部呈优美的曲线，曲线的曲率太大或呈船底状皆属不良。

体型优美的红白

游泳时扭摆腰部者，无观赏价值。

　　成年锦鲤的体型，雌鱼更为丰满，雄鱼相对较瘦，相同规格的雌鱼要比雄鱼重，体高也更高，而且雌鱼的后腹部比雄鱼膨大。在日本历届锦鲤比赛中，绝大多数获大奖的都是雌鱼，就是因为雌鱼丰满的体型更符合日本锦鲤的美学价值观。锦鲤幼鱼的雌雄体型差别不明显，挑选时俯瞰头部与躯干中部几乎同宽。两眼之间的距离较大的幼鱼，通常有成长为巨鲤的潜质。

　　体型要求：

　　①整体姿势挺拔，左右对称，头部、躯干、尾部前后平衡，身体呈纺锤形；

　　②体高与体长的比例在1：（2.6～3.0）；

　　③鳞片整齐；

　　④鳍（胸鳍、背鳍、腹鳍、臀鳍、尾鳍）完整无畸形。

　　减分点：

　　①体型歪曲、腹部下垂、尾柄过细；

　　②体长与体高不协调；

　　③鳞片缺失、排列不齐；

　　④鳍部充血、有伤、有变形或畸形（鳍部折断和严重畸形的鱼是没有资格参加比赛的）。

品色泽

　　色泽是一项重要的锦鲤评分标准。一尾高品质的锦鲤色泽以鲜明、浓厚、均匀为佳，皮肤要有光泽，有晶莹剔透的视觉效果。不同颜色之间的边界清晰，不能有过渡带或中间色。对有白色斑纹的品种而言，白底要求雪白而无污点。红斑要求边界鲜明，红质均匀、浓厚。墨斑以呈圆块状且漆黑厚实者为佳，不可分散或浓淡不均。御三家的色泽在锦鲤大赛上占比30%，而其他品系的锦鲤则没有那么高的比例，而是更注重体型。

　　色泽要求：

　　①白底洁白无污点，红斑鲜红，墨斑漆黑鲜亮；

　　②皮肤有光泽，光泽类和金银鳞类的光泽要强且覆盖全身；

　　③色斑要薄厚均匀，色调协调一致。

　　减分点：

　　肌底模糊，有污点，有污浊感，无光泽。

色泽鲜明、花纹分布均匀的锦鲤

赏花纹

　　锦鲤的花纹要求左右平衡，整体分布和搭配要匀称协调，花纹要富有变化，不同品系有不同的要求。如红白锦鲤的"一头二肩三尾结"，头上红斑以圆形、鞋拔形或略呈偏斜者较为典型。花纹的观赏重心在头部与背部之间，头部须有大块斑纹，颈部最好有白底相衬。白底三色以颈部有厚实的墨斑为理想，尾基部不要有太多墨斑或全红，需留有白色部分，避免给人头重脚轻的感觉。

在锦鲤比赛中，尽管花纹只占20%，但往往是较量的关键所在，既看鱼的品质，又考验评判员的鉴赏水平。对于高品质的锦鲤而言，体型、色泽差异都不大，但是世界上没有两条完全相同的鱼，这时候花纹就显得十分重要了。

花纹要求：

①整体有协调感，形状优美，大小适中，分布合理，数量均匀；

②富有个性和艺术感。

减分点：

①切边模糊不清晰，面积过大或过小，两边不协调；

②绯斑、色斑中间有开窗。

盯游姿

锦鲤的游姿是锦鲤品评标准的重要组成要素。一条高品质的锦鲤游姿顺畅优美、健硕有力、从容稳健、缓急得宜，通过游姿能够欣赏锦鲤雍容华贵的气质，也可以从游姿看出一尾鱼身体是否对称、是否协调等。

以上4点品鉴标准是以成年锦鲤为对象，近20年来，各锦鲤大赛还设置了未成年组，它们的品鉴标准也以这4点为基础，但不完全相同，还要考虑幼鱼的成长潜力、生长速度对色泽的影响等。

二、 赛事尺寸区分与评奖

锦鲤鉴赏的标准决定了比赛的情况，下面就比赛鱼尺寸与评奖做简单说明。

锦鲤比赛根据锦鲤全长（从吻端到尾鳍末端的长度）进行尺寸区分，一般以5cm为一档划分规格，如50～55cm划为一档，被称为55部，每个比赛的尺寸区分标准不尽相同。大型比赛的品种划分很细，参赛鱼数少的比赛则把多个品种归到一个档。

不同国家和地区举办的锦鲤赛事评出的奖项不尽相同，我们以最具影响力的"全日本总合锦鲤品评会"（东京大赛）为例来介绍锦鲤赛事的奖项。所有参赛鱼中只有一尾"全场总合冠军"。然后按照全长选出大鱼组、巨鲤组、壮鱼组、成鱼组、若鲤组、幼鱼组冠军各一尾。再以尺寸为单位，选出各尺寸分档当中最优秀的锦鲤各一尾，授予国鱼奖。同理，以种别为单位，从各个种别当中评出最优秀的锦鲤各一尾，授予种别奖。此外，另设有特别奖、得分最多奖、参赛最多奖等其他奖项。

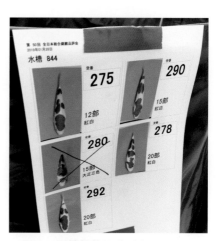

锦鲤的尺寸区分

小规格的比赛鱼放在蓝色盆中

第二节 锦鲤的品种与鉴赏

一、红白锦鲤介绍与鉴赏

　　红白锦鲤是最具代表性的品种，最早发现具有红白两种颜色的鲤是在 1804—1829 年，之后其逐渐被改良成背部有红斑的锦鲤。常言道："锦鲤始于红白而终于红白"，意思是说初学者刚看到红白觉得美妙非凡，于是开始饲养，但过了一段时间后又觉得其他品种也不错，但随着对锦鲤了解的不断深入，最后还是觉得红白最好。

　　红白锦鲤的白底要雪白，绯质要油润鲜红，具有光泽。背部的绯斑分布要匀称，绯和白之间的分界线要整洁清晰，没有过渡色，就是说切边要齐整，整体看起来要具有美感。绯的分布要求在头部前不过吻，两边不下眼；在其头骨之后的部位要有白色分割线，称为肩裂，有肩裂者为佳；在尾柄处有红色斑块，称为尾结，有尾结者为佳；绯下卷超过侧线而延伸到腹部的，称为卷腹，没有卷腹者为佳。斑纹的重心最好稍偏近于颈部，尤其以靠近头部的肩部有大斑纹为最好。

红　白

红　白

红　白

二、白底三色锦鲤介绍与鉴赏

　　早在日本大正时代，新潟地区的鲤养殖业者在红白的基础上，培育出带有红、白、黑三种颜色的锦鲤，因其最初产于日本大正时代，故以"大正三色"来命名，白底三色是中国的锦鲤命名方式。白底三色头部只有红斑而无墨斑，胸鳍上有黑色条纹为基本条件。墨斑要厚实并带有光泽，如分布在肩部的白斑上，这样的白底三色为上品。

　　白底三色锦鲤以白色为底，红斑为主要色斑，墨斑为次要色斑。其底色及红斑的要求与红白锦鲤一致，其墨斑要求墨质鲜明浓厚、边界清晰，墨斑的面积不能太大，但是也不能呈小点状或有零乱感。墨斑分布在鳃盖后的背部，直接浮现在白底上，或者出现在红斑中间、紧贴红斑。红斑与墨斑必须分布均匀，左右平衡、前后协调。

白底三色

白底三色

白底三色

三、 墨底三色锦鲤介绍与鉴赏

　　20 世纪 30 年代的日本昭和时代，人们将白色较少的墨底三色锦鲤称为传统昭和，而白色较多的则称为近代昭和。墨底三色是中国人对该种体色锦鲤的统称。墨底三色锦鲤同白底三色锦鲤一样，都是根据日本时代命名，但是与白底三色不同的是，墨底三色拥有浑厚的喷墨基色，而其红白两色则是在喷墨基础上后天演变而成。

　　墨底三色锦鲤身体上必须有大块红斑，红质均匀，边缘清晰，色浓者为佳。白色要求纯白，头部及尾部有白斑者品位较高。墨斑以头上有倒八字墨纹者为佳，躯干上墨纹必须为闪电形或三角形，粗大而卷至腹部，墨质以具有光泽的漆黑色为佳，切边清晰。胸鳍应有元墨（指圆形的墨斑），不应全白、全黑或有红斑。

墨底三色

墨底三色

墨底三色

四、 德国锦鲤介绍与鉴赏

　　德国锦鲤并非是原产自德国的锦鲤，而是德国产的食用鲤与日本锦鲤杂交产生的锦鲤，这一品类如今是日本锦鲤进行广泛杂交并繁育优质后代的主要亲本之一，其中最著名的是秋翠，锦鲤赛事中通常把浅黄和秋翠归在一类。

　　浅黄属于锦鲤的原种之一，距今约有160年的历史，而秋翠则是1910年由秋山吉五郎氏将德国锦鲤与浅黄三色杂交而得。浅黄的头部必须为清澈的淡蓝色，不能有黑影或芝麻墨点。背部一片片蓝色鱼鳞整齐耀眼，有清晰的鳞片网纹，左右脸部、腹部及鳍基部呈赤色为基本型，背部无赤斑为佳。

　　德国锦鲤的基本要求是鱼鳞必须排列整齐，尤其秋翠背上一排呈浓蓝色的鳞片，是观赏的重点，要求整齐有序。背部一排鳞片与腹部侧面一排鳞片间常出现单独存在的大鳞片，称为"赘鳞"，影响品质。还有多数不规则排列的大鳞片，称为"铁甲鳞"，无观赏价值。

德国锦鲤（九纹龙）

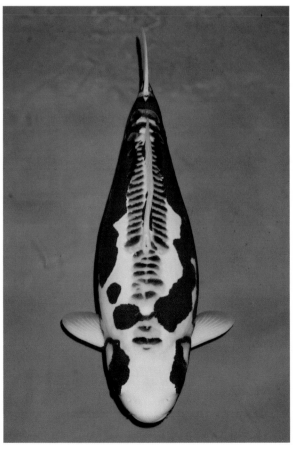

德国锦鲤（秋翠）

浅　黄

五、 光泽类锦鲤介绍与鉴赏

光泽类锦鲤分为无花纹和有花纹两大类,无花纹最常见的品种是黄金锦鲤和白金锦鲤。在日本有更细的品种划分,比如黄金锦鲤分为松叶黄金锦鲤、山吹黄金锦鲤、绯黄金锦鲤等。

一般而言,无花纹的光泽类锦鲤要求色泽均匀、浓厚,反光度高,胸鳍与身体的颜色一致,背部与腹部颜色几乎无差别。我国生产的黄金锦鲤常常出现腹部接近于白色的个体,属于质量缺陷,挑选时要特别注意。

而有花纹的光泽类锦鲤要求反光度高,底色浓厚均匀,色斑质地鲜艳、边缘与底色清晰、分布相对均匀。如孔雀锦鲤,底色要具备浅黄品种的特征,红斑越浓越好,边缘要清晰,头部、肩部、背鳍基部都要有红斑分布,尾柄有小块的色斑。

光无地(山吹黄金)

光无地(孔雀)

 六、 丹顶锦鲤介绍与鉴赏

　　丹顶锦鲤品系包括丹顶红白锦鲤、丹顶白底三色锦鲤、丹顶墨底三色锦鲤等，只有丹顶红白可以简称为丹顶，丹顶红白是丹顶品系中最具代表性的品种。不同品种之间的鉴赏有所差异，在花纹和色质方面，丹顶主要看头部的红斑和躯干两部分。红斑要圆、正、大，所谓圆，不可能像圆规画得那样圆，但越圆越好；所谓正，就是红斑在头顶正中间；所谓大，左右达到眼眶，就足够大了。

　　除了丹顶红白外，其他品种的丹顶，其躯干部要符合相应品种的要求，如丹顶墨底三色，躯干部就按墨底三色的标准去鉴赏。对于三色丹顶锦鲤来说，红斑的要求上有点特殊，躯干可以有红斑，也可以只有头顶有红斑。由于丹顶这个品种并没有稳定的遗传性，所以一尾好丹顶是可遇而不可求的。

丹 顶

丹 顶

七、 其他品种介绍与鉴赏

写鲤的体色以墨色为基底，上面有三角形的白斑纹、黄斑纹或红斑纹。最常见的黑底上有白斑纹，称为白写。外表上墨斑的存在条件与墨底三色完全相同，头上有墨斑，胸鳍亦有圆形墨斑。不管是哪种写鲤，鱼体上都不应有任何小块墨或芝麻墨。

五色由浅黄和三色交配产生，因身上有白、红、黑、蓝、靛而得名"五色"，尤其以绯盘（同绯斑）美丽的类型为佳。近年来的五色，以白底浮现蓝色者居多。所以如果考虑比赛，除了注重花纹优美之外，还应注重绯盘之美。

白　写　　　　　　　　　　　五　色

五 色

别甲是锦鲤品种的一个大类，该类品种多以白色或红色为底色，背部分布有小块墨斑，犹如一块块甲片，称为"别甲"，基本体色只有两色，体色的墨斑与白底三色的墨斑相似，白底色的称为"白别甲"。墨斑不进入头部，以背部两侧小块墨斑分布比较匀称者为佳，胸鳍有放射条纹。

　　衣鲤简称衣，是红白或三色与浅黄杂交的产物，在红斑下有若隐若现的蓝色，犹如穿了一件秋蝉薄衣，故称之为"衣"。衣鲤的主要特点就是在红斑下的鳞片上有蓝色或者深蓝色甚至是葡萄色等颜色，使衣鲤显得层次分明，质感突出，甚是好看。

衣　　　　　　　　　　　　　　　　别　甲

第三节 锦鲤赛事

　　锦鲤赛事是鲤友们非常喜欢的一种玩鱼方式，它可以让鲤主体验到饲养和欣赏之外的乐趣。能在锦鲤赛事中获奖既是一种荣誉，也是对鲤主鉴赏眼光和饲养技术的肯定。参加赛事的时候，还能结交到志同道合的朋友，相互交流养鱼的经验和体会，从而可以将爱鲤养得更健康、更漂亮。本节将向大家介绍世界各国锦鲤赛事的举办情况。

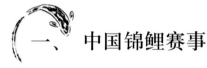

一、 中国锦鲤赛事

　　20世纪80年代，随着改革开放的浪潮，日本锦鲤漂洋过海进入国人的视野，从东南沿海到大陆腹地，锦鲤受到了各地人们的喜爱。喜欢锦鲤的人越来越多，从事这个行业的生产者和经销商也随之增多，各个协会在锦鲤流行浪潮中应运而生，中国也有了属于自己的锦鲤赛事。

　　2001年广东省水族协会锦鲤同业会（筹）［后改称广东省锦鲤同业协会（筹）］举办了第一届中

中国锦鲤大赛(2019年)

国锦鲤大赛，之后每年举办一次，截至2018年12月，共举办了18届，是中国最具影响力的锦鲤赛事。此外，东莞市锦鲤协会举办的中国国际锦鲤大赛和广东省锦鲤同业协会（筹）举办的中国若鲤大赛等也广受欢迎。

2007—2014年，由北京市农业局、全国水产技术推广总站主办，北京市水产技术推广站承办的"北京金鱼·锦鲤大赛"，共举办了7届，吸引了全国各地上百家的金鱼、锦鲤养殖场以及爱好者参与，为金鱼和锦鲤的普及起到了重要的宣传作用。

除了上述赛事，中国自产锦鲤大赛也被人们津津乐道。锦鲤迈入中国近四十年来，锦鲤养殖场大量增加，锦鲤的品质也越来越高，对促进中国自产锦鲤的发展进步具有非常重要的意义。

二、日本锦鲤赛事

长岗市锦鲤品评会

日本锦鲤养殖历史较长，是目前全世界锦鲤养殖业最发达的国家，锦鲤比赛也是从这里兴起。最早的日本锦鲤赛事可追溯到1912年，当时日本政府为促进牲畜产业发展，各地经常举办比较牲畜饲养优劣的比赛，以促进品种改良。锦鲤养殖业者在此期间创办了比赛，就是现在锦鲤大赛的原型。

战争期间，锦鲤赛事一度中断。

1947年日本新潟县为振兴战后经济，成立了"新潟县色鲤养殖组合"，此后开始举行小型品评会，不过这种说法并没有官方记载。至今仍然在举办的品评会中，历史最久的是长岗市锦鲤品评会。该品评会从

第50届东京大赛（2019年）

1950年开始举办，到2018年已举办了65届。此外历史悠久的知名品评会还有：全国农林水产祭（日本新潟县），1962年开始举办，至2018年共举办了58届；广岛县锦鲤品评会，至2018年共举办了55届。

每年一度的日本最大的锦鲤比赛——东京大赛

日本三大锦鲤协会的赛事

在日本，锦鲤品评会非常流行，从全国品评会到省市品评会、村镇品评会，都很受欢迎，还有养鲤场办的品评会和锦鲤爱好者自发不定期举办的迷你品评会，大大小小的锦鲤品评会数量繁多，其中最具影响力的是三大锦鲤协会举办的品评会：全日本锦鲤振兴会举办的全日本总合锦鲤品评会，一般社团法人全日本爱鳞会举办的国际锦鲤品评会以及全国锦鲤品评会。

1968年，全日本锦鲤振兴会成立，由日本全国的锦鲤养殖业者和流通业者组成。1969年，第1届全日本总合锦鲤品评会在东京新大谷酒店举办，至2019年已举办50届。全日本总合锦鲤品评会是目前世界上规模最大的锦鲤赛事，被爱好者们简称为"东京大赛"。

1962年，一般社团法人全日本爱鳞会在大分县成立，最初叫爱鳞会，会员为锦鲤爱好者。现在的名称从2013年开始使用。该协会在日本全国各个地区均设有分会，在亚洲和欧美地区也先后成立多个分会，是世界上规模最大、拥有会员人数最多的锦鲤爱好者协会。

第50届东京大赛

三、亚洲锦鲤赛事

亚洲锦鲤大赛是目前世界上唯一在不同国家轮流举办的锦鲤赛事，至2018年已举办了11届，其中第2届、第10届在中国举办，承办过该赛事的国家还有印度尼西亚、马来西亚、新加坡、泰国等。

亚洲锦鲤大赛在中国

亚洲锦鲤大赛在印度尼西亚

第四章

锦鲤的繁殖与培育

　　锦鲤是杂交鱼类，淘汰率极高，所以其繁殖显得特别重要，它是锦鲤饲养过程中最重要的环节之一。一次成功的繁殖，不但要有好的种鱼，还要有科学的配对方法，这样才能培育出一尾有前景的锦鲤。

第一节 亲鱼的培育

一、选择亲鲤

用于繁殖的锦鲤亲鱼，应在3龄以上，体长60cm以上、体型健壮丰满、体色鲜明艳丽、色质均匀浓厚无杂点，性腺发育成熟、遗传稳定。

在锦鲤亲鱼用作繁殖之前，一般要进行强化培育。首先要准备面积为600～2 000m²的亲鱼培育池，池深为1.8～2.0m。投放亲鱼前，用5%的盐水浸洗鱼体5～10min或用10mg/L的高锰酸钾溶液浸洗5～10min。需要注意的是，此时雌雄亲鱼要分开饲养。

锦鲤亲鱼的强化培育是从秋季开始的，此时锦鲤食欲旺盛，应选择投喂蛋白质含量在38%以上的饲料，按照定时、定点、定质、定量的原则进行投喂，每天投喂2～3次，同时适当投喂青饲料，如白菜、菠菜等，以增加维生素的供给。除了饲料之外，还可以在米饭或糯米中添加蜂蜜来投喂，可以增加亲鱼脂肪的积累，对促进卵巢发育有特殊的益处。亲鱼培育期间，坚持早、中、晚巡池检查，观察亲鱼摄食、活动情况。

二、产前准备

繁殖准备

在锦鲤产卵之前，首先准备好面积为20～30m²的产卵池。产卵前首先对产卵池、鱼巢等进行彻底的洗刷与消毒，使用1mg/L的高锰酸钾溶液浸泡1h左右，然后用清水清洗干净，晒干。放水前把孵化网箱放入产卵池或孵化池，之后加入清水，并在产卵池、孵化池中均匀地排布两排气头，24h增氧，保持水体的溶解氧在5mg/L以上。

催产前先对亲鱼进行检查，完全成熟的雌鱼腹部膨大、柔软，生殖孔红肿、外突。将尾柄向上提，两侧卵巢下垂，卵巢轮廓明显，轻轻按压腹部，有卵粒流出。成熟的雄鱼体表粗糙，泄殖孔周围柔软，轻按腹部即有白色精液流出，遇水则散。

三、 产后护理

亲鱼产卵完毕后，尽早将亲鱼移走，放回亲鱼培养池里调养。此时的亲鱼体质很虚弱，抵抗力也非常弱，注意不要让亲鱼受伤。锦鲤使用自然授精法进行繁殖时，鱼体容易受伤，要消毒后才能放回亲鱼池里。如果将卵未排净的雌鱼放回有雄鱼的亲鱼池，其仍会被雄鱼追逐，容易受伤。卵未排净对雌鱼的产后恢复也不利，所以在进行繁殖时，一定要让雌鱼排净腹内的鱼卵。

第二节 产卵孵化

一、 自然法排卵

锦鲤的繁殖季节一般在春季，水温16℃以上开始有发情行为，最适温度为22~28℃。在进行自然繁殖时，应准备好鱼巢，通常使用经高锰酸钾溶液处理过的水草、松叶、棕片、尼龙绳等作为锦鲤产卵的鱼巢，这些材料能使鱼卵均匀附着其上。将以上物体扎成小束状，悬挂于水池的水面上。也可以使用市售的人工鱼巢。产卵池投放亲鱼的雌雄比例一般为1：2。想做配对测试或者多样化繁殖，也可以按雌雄比例1：3配组。锦鲤在雷雨天气的早上最容易产卵，加以人工水流刺激，效果会更好。

人工鱼巢

二、 人工取卵和授精

人工排出雌鱼卵

用注射器取出雄鱼精子

刚挤出的鱼卵

人工繁殖从春季一直到秋季都可以进行。选取体格健壮、血统纯正的亲鱼进行配对，按雌雄比例1：2将亲鱼放入独立的清水池或网箱中，在水面悬挂鱼巢。锦鲤进行人工催产使用的催产剂为促黄体素释放激素（LHR-A$_2$）和绒毛膜促性腺激素（HCG）等，每千克雌鱼注射剂量为LHR-A$_2$ 20μg 加 HCG 800IU，雄鱼注射剂量是雌鱼的一半。通常采用一次性注射法，轻抱亲鱼使其腹部朝上，头部位于水中，通常使用5mL针筒、7号针头。针管在鱼体胸鳍基部内侧向前，并和鱼的体轴成45°，将针头迅速插入约2.5cm，穿过肌肉进行胸腔注射，注射完后放回池中。

在亲鱼相互追逐、准备开始产卵的时候，将雌鱼捞出，用麻醉剂麻醉后，裹于帆布鱼夹内，抱在手中，用毛巾将鱼体上的水擦干，一手握住鱼的尾柄，另一只手握住鱼的头下脊处，腹部朝下45°，用手轻按雌鱼腹部，用干燥、洁净的小盆接住挤出的鱼卵。再用同样的方法将雄鱼的精液挤入已取的鱼卵中，用消过毒的羽毛搅拌均匀，然后将搅拌后的鱼卵均匀地撒在水中的鱼巢上，注意密度不能太大，受精卵遇水后具有一定的黏性，能立即附着在鱼巢上，整个操作过程动作要迅速、准确，避免阳光直射。

三、 鱼卵孵化

在受精卵移入孵化池的同时，为防止水霉的侵害，可用0.04%的碳酸氢钠溶液和0.04%的盐水进行全池泼洒，5min后把鱼卵转移到干净的水中孵化，孵化温度控制

孵化中的鱼卵

在22～25℃，溶解氧保持在6mg/L以上，有必要的时候用气泵增氧，产生微水流有利于卵的呼吸。通常76h后开始有仔鱼破膜而出，2d后鱼苗陆续孵出。整个孵化期间，要及时除去死卵。

起飞的鱼苗

通常鱼苗的孵化时间跟温度有直接关系，水温越低，孵化时间就越长，有时要经过7d鱼苗才能从鱼卵内破膜而出。水温高时，孵化时间就短，有时鱼苗24h就能破膜。鱼苗孵化期间是需要消耗养分的，所以，孵化时间太长，孵出来的鱼苗会体质较弱；但也不是孵化时间越短越好，时间太短，孵化出来的鱼苗往往会有一定数量的畸形或发育不完全，这些苗不易成活。最好控制在3～4d孵化出鱼苗，水温在22～25℃最合适。

第三节 苗种培育

刚孵化出来的鱼苗是不会吃东西的，靠卵黄囊提供的营养来维持身体前期的生长发育，此时的鱼苗多附在池边、鱼巢或水草上，可以缓慢移动，但还不会游水，最好不要惊动它们，如果打开气泵增氧，最好调小气量，减少鱼苗活动，有利于它们的生长和发育。

 ## 一、投喂开口饵料的时机

鱼苗破膜3～4d后，开始逐渐发育完善，此时鱼苗如果可以平游，证明其发育得很好。供应营养的卵黄被吸收完毕，这时就需要给鱼苗投喂开口饵料。如不及时投喂，鱼苗可能会因饥饿而死亡。开口饵料分为天然开口饵料和人工开口饵料两类。

天然开口饵料：生活在自然水体中的小型生物，如轮虫、草履虫、枝角类、桡足类、藻类等，这些细小的生物都是很好的鱼苗开口饵料，能给鱼苗提供充足的营养，使鱼苗快速生长。需要注意的是，在鱼苗培育池里培养天然开口饵料，需要把握好时间，孵化前一周往鱼苗池里泼洒消毒发酵的鸡粪或者花生麸，一周后就会有天然饵料生物生长。

人工开口饵料：通常用煮熟的蛋黄、豆浆、鱼粉作为鱼苗的人工开口饵料，可以保证鱼苗的正常开

口摄食。在鱼苗培育过程中，要控制好饲料的投喂量，不能投喂过量而导致水体败坏，但又要让鱼苗吃饱。随着鱼苗逐渐长大，投饵量应不断作出相应的调整，满足鱼苗生长所需的营养。

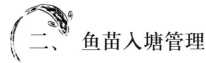

二、 鱼苗入塘管理

刚出生的鱼苗称为"水花"，下塘一个月左右规格达 3cm 的鱼苗称为"夏花"。放养水花的池塘面积最好是 600 ～ 1 500m²，便于挑选鱼苗时拉网。放养鱼苗前 7 ～ 10d 清塘消毒，把池塘水放浅后用生石灰化水泼洒，也可用茶籽饼或者漂白粉等进行消毒，关键是必须杀灭池塘里的野杂鱼、害虫、致病菌等。

鱼苗入塘之前，可先放其他小鱼进行试水，确定鱼池的消毒药物已降解至安全范围内。同时给池塘施肥，待池塘中浮游生物达到一定数量后，再投放鱼苗，保证鱼苗入塘后有丰富的饵料，有利于鱼苗生长发育，并且能提高鱼苗的成活率。

水花阶段，用豆浆或者浸泡好的花生麸全池泼洒，每天 3 ～ 4 次，5d 后改成在鱼塘四周泼洒。根据池水的变化情况，每 3 ～ 5d 往鱼塘里注入适量新水，进水口用网筛过滤，防止野杂鱼混入。当鱼苗平均长到 3cm 时，进行第一次挑选，淘汰劣质鱼苗。

苗种培育过程中，每天坚持巡塘 5 次。上午，主要观察锦鲤的摄食及活动情况，有无疾病发生；下午，记录池水的水温及透明度；夜间，观察是否有缺氧或者浮头的征兆，及时开启增氧机；凌晨，检查增氧机的运转情况；早上，观察锦鲤鱼苗活动情况。

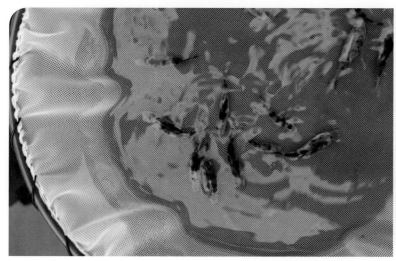

鱼 苗

第四节 选 别

 一、红白锦鲤的选别

红白锦鲤的选别时间和次数根据繁殖的季节和繁殖情况而有所差别，一般是孵化后35d进行第一次选别工作，这比其他品种的初选时间要晚一些，入冬前平均选3～5次。选别时需注意的要点和鉴赏一样，主要看体型、色泽、花纹等。当然，首先要淘汰的是畸形鱼。此外，初选时要淘汰的对象还有全白、全红或者头部全红、身上无花纹的鱼，这些鱼长出漂亮花纹的概率极低。

红白选别

腹部白色还可能长出绯斑的，可以暂时留下来。全红个体如果色泽、体型出众，也可以暂且留下。

第2次选别一般在初选后两周左右进行，淘汰对象是发育迟缓和身体有变形的鱼，无论多漂亮的鱼，只要身体各部位有一点点变形就要淘汰掉。嘴前部和腹鳍的变形不容易发现，选别的时候要多加注意。

第3次选别在第2次选别后两周左右进行，选别标准和前两次差不多，这个阶段斑纹已经出现较清楚的切边，白底比之前增加，这是正常的遗传现象。此时能识别出丹顶，丹顶是红白锦鲤的副产品，红白锦鲤中会出现很多类似于丹顶的个体，但能长成精品的少之又少，所以专门生产丹顶锦鲤并不现实。

第4次选别在第3次选别后的一个月左右进行，此时鱼体的花纹已经比较清晰了。该阶段要淘汰肌底不干净、花纹和色泽不好的鱼。花纹严重不对称的不能多留。

如果是爱好者进行趣味繁殖，家里没有足够的稚鱼池，随着鱼的成长，狭小的空间很容易造成鱼苗缺氧甚至死亡，可以将初选的时间提前到出膜后几天，给留下的鱼苗足够的生长空间。选择方式和上述有所不同：暂停给鱼苗盆充氧，将率先浮上来的鱼苗留下，因为很好地继承了父母血统、能长得漂亮的鱼往往体质较弱，容易出现缺氧现象，进而更早地浮上水面；而接近原种的鱼苗体质较好，沉在水下。

初选之后爱好者再进行选别工作则没必要找特定的时间，有空的时候每天选10～20min即可，但必须坚持严格淘汰的原则。进行最终选别时，要考虑到自己的稚鱼池容量，只保留有精品潜力的鱼，没有花纹的全部淘汰，切勿贪多。红白锦鲤的选别非常深奥，专业的生产者也需要不断地进行学习和实践，每年都会有新的发现。

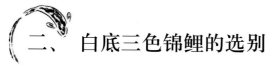

二、 白底三色锦鲤的选别

白底三色锦鲤稚鱼的墨斑出现的时间较绯斑出现的时间早，白底三色锦鲤的墨在成长过程中通常呈减少趋势，形成大块墨斑的比例很低。虽然散布在白底三色锦鲤体表的墨色多会收缩，但是抱着所有墨斑面积都会缩减的想法去做选别工作的话，难免会损失一些好鱼，因此，白底三色锦鲤的选别需要有相当丰富的经验，才不会错选。

白底三色选别

第1次选别一般在出膜后40～50d进行，一般来说，青白色的锦鲤容易出好的墨质。选别时要淘汰黑棒（全黑）、白棒（全白）、赤棒（全红）和绯斑严重不对称的个体。

第2次选别在初选后20d左右进行，这次选别主要看整体的倾向。淘汰掉体型不良的，只要稍微有点畸形就不能留下。白底三色锦鲤的墨斑有向下半身集中的倾向，出现在头部的小型墨斑大都会消失。此外，选别时要重点考虑白底的质地。

墨斑的倾向比较清晰时，可以进行第3次选别，这次选别多留绯斑和红白相近的鱼，淘汰掉墨量过多、过少和墨质模糊的鱼。切边不清晰的墨可能会越来越薄，经验丰富的养殖业者可以把手缟墨（胸鳍上成条状分布的墨线）的出现形式作为选别的指导。

第4次选别的目的是进一步减少留养数量，选起来很难。白底三色锦鲤的绯斑有偏向上半身的倾向，如果绯斑为面被，和墨色协调的话也可以留下来，不像红白锦鲤对绯斑的要求那么严格。跟其他品种相比，白底三色锦鲤的次鱼非常多，业界素有"三色贫乏"的说法。

白底三色选别

三、 墨底三色锦鲤的选别

墨底三色锦鲤在孵化以后就可以进行第1次选别了，较其他品种要早，这次选别就是"选黑仔"，做起来非常轻松。黑仔是针对墨底三色锦鲤苗特有的称谓，由于黑色对该品种的锦鲤非常重要，但在成长过程中黑色会越来越少，因此需将特别黑的鱼苗留下。使用黑仔选别装置能进一步提高工作效率，即用泵将黑仔吸到准备好的水盆中，使用这种装置，新手在1h内就能选2 000尾。

墨底三色选别

初选一般只留下10%～20%毛仔，所以第2次、第3次选别的工作量并不大。第2次选别一般在出膜后60d左右，幼鱼长到6～7cm时进行。该阶段只保留墨底上长出模样的鱼，淘汰掉全身纯黑的鱼。

第3次选别在出膜后90d左右进行，此次选别的重点应放在白底和绯斑上，能留下多少尾要看选别要求。墨底三色锦鲤对绯斑的要求不像红白锦鲤那么严格。头部被单一颜色覆盖的锦鲤，称为覆面，"黑覆面""赤覆面""白覆面"都长不成好鱼。选别时要关注元墨的形态。墨底三色锦鲤的血统，从创造初期就存在体型不够完美的缺点，外观美丽但体型不良的鱼很多，在第3次选别时发现体型不良的没必要怜惜，全部淘汰。

墨底三色锦鲤的选别不确定因素非常多，经过3次选别后，将来的发展依然不可预测。该品种的墨在成长过程中沉浮不定，常令人欢喜也常惹人烦忧。在墨纹稳定下来之前一定要耐心等待、精心饲养，总会等到它绽放的那一天。

 四、 浅黄、秋翠锦鲤的选别

浅黄锦鲤的选别比较难，经验不足的人很难定出选别标准，亲鲤的组合对选别标准影响比较大，只能参考孵化出的稚鱼来确定选别标准。第1次选别可定在出膜后40～50d，首先淘汰掉体型不良的个体。另外，全身覆盖着绯色的绯浅黄锦鲤出次品的概率很高。侧线下腹发白，有少许绯色是向浅黄发展的特征，只有这样的鱼，才能养出有漂亮藏青底的浅黄锦鲤。

第2次选别在初选后的20～30d进行，第3次选别在之后的20～30d进行，两次选别淘汰的鱼差不多。要淘汰很像绯浅黄的个体，即背部最前端出绯的鱼。下腹有绯的，将来可能会长出漂亮的绯斑，有望长成纯正的鸣海浅黄。蓝色的背部和橙色的下腹之间这一段有浑浊的话，是不太可能长出漂亮的底

色的。虽然浅黄品种头部的颜色以洁净的浅蓝色为佳，但稚鱼头部的蓝色都很深。鳞片是否整齐也是选别时要看的重点，选别时还要看好胸鳍元赤的形态。浅黄的选别工作，做3次就足够了。

秋翠锦鲤的选别和浅黄锦鲤差不多，但秋翠锦鲤作为德国鲤镜鲤系的品种，整个选别过程都要重视背部大鳞的形状以及排列是否整齐。在选别时间上，第1次选别在出膜后35d左右进行，第二次在初选后20d左右进行，再过20d左右进行第3次选别。

选别时首先淘汰掉体型不良的个体，然后看背部颜色的鲜艳度，只留下看起来发白的。能看到一点绯斑的都可以留下来，淘汰发黑的个体。秋翠锦鲤的大鳞很容易出银鳞，养起来会有惊喜。

五、 光泽类、金银鳞类锦鲤的选别

鳞片发光的锦鲤有光泽类和金银鳞两大类，这两个类别的光泽看起来很不一样，但从原理上讲，都是鸟嘌呤在发挥作用。德国鲤与和鲤（日本鲤）反复交配后，虹彩细胞得到了强化，看起来呈金色、银色的锦鲤特别多，最后经反复淘汰选择，只留下光泽类和金银鳞类这两种。

光泽类锦鲤的鸟嘌呤均匀地分布在真皮层，使锦鲤全身都散发出柔亮的光泽。金银鳞类锦鲤的鸟嘌呤则随着锦鲤鳞片的生长，逐渐集中到鳞片前端，发出耀眼的光泽。

光泽类锦鲤中的黄金锦鲤，第1次选别在出膜后30d左右进行，纯色锦鲤的选别基准很难定，首先选出口部周围、胸鳍、头有光泽的稚鱼，一般约占1/3。

第2次选别在出膜后50～60d进行，此时鱼差不多有小手指长了。这次选别也是先淘汰所有体型不良的鱼，然后看头部、胸鳍、腹鳍和脊背的光泽度是否良好。

第3次选别在出膜后70～80d进行，这次选别首先要看腹鳞的光泽，然后着重看胸鳍、头部和脊背的光泽，保留鳞片排列良好和头部干净没有色斑的稚鱼。淘汰有橙色斑点的鱼，以保持黄金锦鲤的纯正血统。

金银鳞类锦鲤的选别，每个品种都不太一样，但都注重光泽。稚鱼的光泽很难看清楚，选别工作很费眼，使用细眼网和黑色容器能提高准确率。选别时要注意胸鳍、腹鳍有没有异常，注意保留光泽强的鱼。

金银鳞类锦鲤的选别时间和光泽类差不多。第1次选别首先看出银的情况，其次才是斑纹，这个阶段头部和鳍的光泽还不是很强，但已经能看出优劣了。有经验的人结合银色鳞片的情况看稚鱼的出银情况，对选别非常有帮助。第2次、第3次选别时，要留下全身散发柔和光芒且产生花纹的鱼，淘汰光泽分散、不均匀的鱼，金银鳞类锦鲤体质较弱，选别时要多加注意。

第五章

锦鲤的饲养与管理

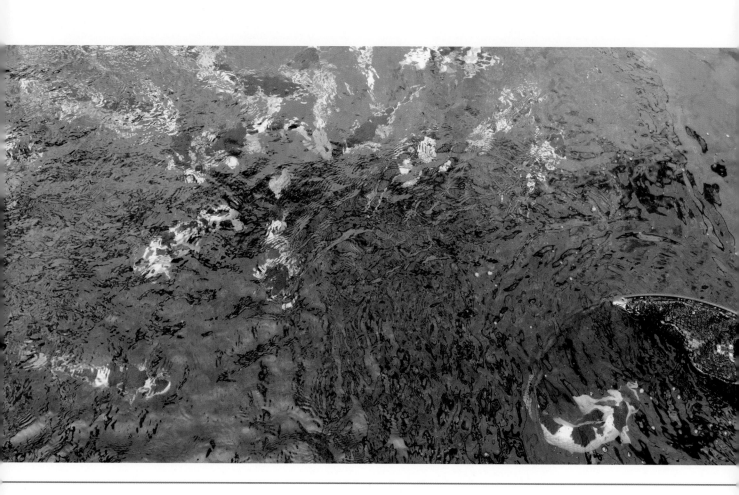

　　一尾经过科学繁殖的、有前景的锦鲤，如何能让它在今后的成长中发挥其潜质，最终成长为一尾优秀的大鱼呢？科学的饲养与管理是必不可少的。无论是水质管理，还是饲料投喂，一年四季的护理必须在各个环节做到万无一失。

第一节 水质管理

一、每日常规检查

在锦鲤的养殖过程中，日常管理非常重要，需要每天早、中、晚巡塘，主要是观察锦鲤的游动状态、摄食情况以及水质变化。若发现有锦鲤出现食欲差、离群独游等异常情况，便需要检查鱼是否患病、检测水质是否出现异常。水质监测与调控主要是注意观察水质的变化，根据检测结果来保持池内清洁、水质清新。每天观察池水情况，若条件允许，可每天检测水体中的水温、溶氧量、氨氮含量、pH等各项指标，及时掌握水体情况，有问题可及时解决。养殖过程中各项操作要细心、轻缓，随时关注天气和季节的变化，及时做好预防措施，夏季闷热、傍晚、雷阵雨天气时要早开增氧机，冬季应避免水质骤变出现"闷坑"。

水泥池

二、养鱼基本功——养水

锦鲤生活在水中，因此在日常管理中，水的管理排在首位。水质的好坏，直接影响锦鲤的生长和品质。养鱼先养水，良好的水质是养好锦鲤的第一要素。"养水"就是清除水中有害物质，保持水质清新和氧气充足。养好了水锦鲤才能舒适健康，反之锦鲤则容易生病或死亡。所以科学地观察、调节和控制水质是养鱼的基本功。

圆桶型过滤设备

锦鲤池需要强大的过滤系统，往往除了地下过滤仓外，还需配备外置过滤设备

充足的溶氧

锦鲤是大型观赏鱼，需要较大的养殖水体，水中溶氧也要充足。水中溶氧充足，锦鲤就会表现出良好的生长状态。养殖锦鲤的水体通常需要加装气泵进行增氧，若用水族箱饲养锦鲤，多用小型气泵充氧；若是用水池饲养锦鲤，因水位高，水体压力大，一般选用大型气泵充氧，均匀安装多个气头，可使池水中的溶氧更均匀、充分。现在有些饲养者养殖锦鲤使用耗氧量大的生物过滤系统，这种过滤系统需要充足的氧气过滤效果才会好，使水质保持清新。

曝气式过滤装置

其优点是能充分增氧，能形成良好的生态系统，缺点是长期暴露在室外，会长满青苔等，影响美观

过滤系统

过滤系统的质量很大程度上决定了水质的好坏。

锦鲤摄食多、代谢量大，而且需要生活在水质清新、良好的水体中，因此过滤系统一定要高效。对不同锦鲤饲养方式所需过滤系统的详细叙述参见第六章。

换水

养殖锦鲤的用水要求不是很严格，符合安全标准的井水、自来水、山泉水、湖水、河水等都可用来养殖锦鲤。但新水、河水等注入水池或水族箱前应充分曝气和过滤，必要时可杀菌消毒。锦鲤时刻生活在水中，水体污染较快，换水是保持养殖水体良好的必要措施。一般11月至次年4月每4～5d换水1次，5—10月每2～3d换水1次，具体换水时间和次数需要根据水温、水质、天气等情况调整，但是换水温差不超过2℃。换水量一般为总量的1/4～1/3，具体视水质和鱼的活动情况而定。

光照

锦鲤健康生长、体色鲜艳的重要环境因素之一是光照。光照对水质转化、调节十分重要。过度的光照会导致水池藻类泛滥，致使夜间水池溶氧不足。露天池塘养鲤在设计水池时，应注意保证早晨阳光照射，同时要避免午间阳光直射。用水族箱饲养锦鲤则必须用日光灯进行照射，每天照射3h以上。

三、锦鲤对水的要求

锦鲤对水质要求较高，养殖锦鲤的理想水质为水中有害物较少，溶氧充足，pH为7.1～7.3。不同的锦鲤对水质的适应性不尽相同，所以要根据所养锦鲤对水质的具体要求，选择适合它生活的水。

锦鲤对水温的要求

锦鲤是体温随着水温改变而变化的变温动物，能够适应大自然的四季水温变化，但是养殖过程中水温不能瞬间变化太大，倘若瞬间水温变化太大，锦鲤就可能患病。锦鲤可在2～33℃的水温范围内生存，但在2～8℃时，锦鲤已处于冬眠状态，潜伏水底不动，在30～33℃时，锦鲤虽不至于死亡，但会处于不舒服的状态。22～28℃是锦鲤最适宜的生活水温，此时，锦鲤食欲旺盛、色彩鲜艳、游动活泼。

增氧设备

锦鲤对水的pH的要求

锦鲤在弱碱性(pH 7.1～7.3)水体中会生活得很好。当然，pH不能瞬间变化较大，短时间内pH变化不宜超过0.2，否则会引起锦鲤的亢奋急游或呆滞。锦鲤养殖过程中，一般导致水池pH变化的主要因素是水中生物，pH白天升高，夜晚降低，昼夜变化显著。虽然锦鲤和其他水生生物能够适应这种变化，但是池塘中锦鲤的粪便、残余饲料等物质的分解，会导致水体pH越来越低，所以要常换水或调节水质。

第二节 喂食管理

一、饵料营养

　　锦鲤需要蛋白质、脂肪、糖类、维生素、矿物质等多种营养物质来维持生长和生命的延续。缺少一种或多种营养物质，会引起锦鲤相应的营养性疾病。锦鲤是杂食性动物，投喂饵料必须考虑锦鲤不同阶段的营养需要。锦鲤摄入的营养不足、不均衡，会导致其生长缓慢、色彩不艳，因而一定要保证锦鲤充分、均衡地摄入营养。同时，作为观赏鱼，锦鲤重要的观赏价值之一就是鲜艳的体色，影响锦鲤体色的因素除了水温、光照外，饵料尤为突出，因此，一般饵料中会添加加强和保持锦鲤体色的物质。

蛋白质

　　锦鲤生长发育阶段需要充足的蛋白质，如果摄入的蛋白质不足，其生长发育就会受到影响。鱼粉、虾粉等动物性蛋白源以及豆粕、棉粕、花生粕等植物性蛋白源中的蛋白质都很丰富。

脂肪

　　脂肪能为锦鲤提供生长发育所需的能量，脂肪摄入不足，锦鲤会长得瘦小，易患疾病。此外，脂肪有助于脂溶性色素的吸收利用。动物性饵料、谷物的脂肪含量比较高。

糖类

　　糖类能为锦鲤提供活动所需的能量，饲料中蛋白质的利用率会受到糖类摄入的影响，糖类长期摄入不足可导致锦鲤代谢紊乱、生长缓慢、鱼体消瘦。但摄入糖类过多，超过锦鲤的利用能力，则会导致锦鲤病态型肥胖。各种粮食、谷物的主要成分是淀粉，就属于糖类物质。粮食可单独投喂，也可做成颗粒配合饲料。

维生素

　　锦鲤正常新陈代谢和生理机能由维生素协助维持，大多数维生素需要由食物提供，在锦鲤体内合成量很少或不能合成。虽然锦鲤对维生素的需要量不多，却必不可少。不同食物含有的维生素也不相同，如谷物中富含 B 族维生素，果蔬类富含维生素 C。

矿物质

　　矿物质是构成骨骼的主要成分，也具有调节渗透压的作用，是体内代谢的重要激活剂，可以提高酶的利用率。各种动物性饲料包括虾干、鱼粉、骨粉、蚕蛹等中都含有丰富的矿物质。

二、 饵料种类

锦鲤饵料可分为天然饵料和人工配合饲料两种。天然饵料营养全面，易于消化，尤其有利于性腺的发育。天然饵料分为以藻类、芜萍、浮萍、鲜嫩蔬菜等为主的植物性饵料和以轮虫、水蚤、水蚯蚓、蚯蚓、蚕蛹、螺、蚌、鱼、虾等为主的动物性饵料。根据锦鲤各发育阶段的营养需求，将蛋白质、脂肪、增色物质等成分按照一定比例混合制成的饵料就是人工配合饲料。

浮　萍

植物性饵料

浮游藻类个体微小，可作为锦鲤苗种的良好饵料；浮萍可用来喂养个体较大的锦鲤；虽然菜叶不可作为锦鲤的主要饵料，但适当量的投喂可使锦鲤获得充足的维生素；豆腐易咬碎吞食，适宜投喂大、小锦鲤，但高温的夏季尽量少喂或不喂；各种淀粉食物易被锦鲤消化吸收，如饭粒、面条、馒头等。另外，锦鲤喜欢吃甜食，夏季可适量投喂西瓜作为零食。

动物性饵料

轮虫营养丰富，分布广，可作为刚孵化的锦鲤苗的优良饵料；分布广、种类多、数量大、繁殖力强的水蚤，营养丰富、易于消化，是锦鲤最理想的天然动物性饵料；种类繁多的蚯蚓均可作锦鲤饵料，但个体不大、细小柔软的水蚯蚓最适合锦鲤；蚕蛹通常被磨成粉末后，直接投喂或者制成颗粒饲料投喂锦鲤；鱼、虾、螺、蚌等营养丰富且易于消化，这类饵料投喂锦鲤，其生长发育效果较好。螺、蚌去壳后煮熟切细或绞碎投喂，虾肉须撕碎后投喂；若将鱼虾肉制成颗粒饲料投喂，效果更好。

鱼友自制锦鲤营养餐
其中有蜂蜜、螺旋藻、矿物质等

人工配合饲料

光靠天然饵料养殖锦鲤，营养单一，需配以人工饲料来满足锦鲤的营养需求。人工配合饲料可常年制备且便于贮存，

67

不会因季节、天气影响而使饵料断供。锦鲤配合饲料是根据锦鲤不同生长阶段的营养需求和生理特性以及各种原料的主要营养成分配制的，营养全面、均衡且易于消化。

三、 日常喂食管理

锦鲤的健康生长还直接受饲料投喂方法的影响，投喂饲料时有一定的技巧。家庭饲养锦鲤多采用人工配合饲料搭配天然饵料，大型养殖场多用袋装商品饲料。锦鲤喂食饲料一般采用"四定"投喂法，即"定时、定点、定质、定量"。

①定时。所谓定时就是每次投喂锦鲤的时间和间隔固定，促使锦鲤养成良好的定时进食习惯，减少锦鲤消化道疾病的发生。通常情况下晚上不投喂，喂食时间和次数要根据季节、温度、气候和锦鲤状态作相应调整。

②定点。通过定点投喂，可让锦鲤形成条件反射，每到投喂时间，锦鲤会在有人靠近鱼池（缸）边时，集体游向固定的投喂地点等待喂食。饲养者投喂食物后，群鱼争抢，别有一番乐趣。同时，定点投喂方便饲养者观察锦鲤的摄食情况及健康状况。

室内养殖的锦鲤

③定质。定质要求保证饵料新鲜有营养，切勿投喂变质或过期的饵料，含变质脂肪的饲料会引发锦鲤肌肉萎缩等疾病。有条件的话，可以给饵料进行杀菌。

④定量。要根据季节、锦鲤大小、锦鲤摄食情况决定投喂量，投喂的饵料量一般为锦鲤体重的 1% ~ 3%。锦鲤没有胃，应少量多次投喂，以 20min 内吃完为宜。投喂时需注意锦鲤的摄食情况，当锦鲤食欲不佳时应减少投喂量或停喂。

投喂机已经成了很多鱼场的标配

四、 夏、冬季如何喂锦鲤

夏季喂养原则

①夏天气温高，不宜投喂过多饲料，也不宜喂得太饱，以防锦鲤缺氧。

②夏季是锦鲤生长的旺季，多投喂营养丰富的天然饵料，如水蚤、蚯蚓、血虫等。

③夏季午间气温很高，中午不宜投喂，尽量把投喂时间定在清晨和傍晚。

遮阳成了锦鲤温室大棚的必备功能，这样既能让鱼接受光照，又能减少灾害

冬季喂养原则

①冬季水温降低，锦鲤游动少甚至进入冬眠，食量也大大降低甚至停食，可2～3d投喂1次，投食量减为原来的1/3甚至更少，水温低于10℃时可不投喂。

②初冬以后开始逐渐减少锦鲤投喂量，当锦鲤沉在池底，只在投喂才游动时，即可停止喂食。冬季饲养锦鲤可喂一些鱼干、虾干等蛋白质、脂肪丰富的饵料，提高锦鲤的抗寒能力。

③冬季宜在中午气温稍高、阳光直射时投喂锦鲤。

第三节 季节性管理

一、 开春管理

春季温度变化大，大幅度降温时，需在鱼池上覆盖保温材料，维持恒定的水温。锦鲤在春季由冬眠过渡到复苏，此时体质和消化系统都较弱，切勿着急喂食，需等到锦鲤充分苏醒、活力恢复时再投喂，投饵量要慢慢增加。即使锦鲤表现食欲旺盛，也不要立即增加投喂量，否则易引发消化不良或其他疾病。此时宜投喂锦鲤易消化吸收的植物性饵料。春天容易滋生细菌，需要特别注意，及时做好水池和锦鲤的杀菌消毒工作。

东方养鲤场玻璃温室大棚

二、 夏季管理

夏季水温较高，锦鲤在高温时处于一种不适应的状态，一般饲养者会采用空调、冷水机等手段降温。室外的锦鲤池务必要搭建遮阳网，否则，水池中会有大量的绿藻和其他浮游植物繁殖，影响水质，进而影响锦鲤的生长。庭院鱼池可以在鱼池上方栽种一些丝瓜、葡萄等藤蔓植物，既遮阳又别有一番农家趣味。还有些饲养者在鱼池中放入水生植物浮床，用以美化环境和降温。

三、 秋季管理

秋季是最适宜锦鲤生长的季节，此时气温和水温都会有明显的下降，可多投喂蛋白质含量高的饲料，以使锦鲤膘肥体壮，安全越冬。

四、 越冬管理

锦鲤是变温动物，可适应四季的温度变化，我国南方冬季气温和水温不是特别低，室外养殖不会有太大问题，但要随时注意天气和锦鲤的状态，必要时采取保温措施。但是在长期处于极低气温的北方，最好将锦鲤移至室内越冬。池水结冰时，需凿开一个冰洞，增加水中的溶氧量。冬季要减少投喂或者停喂。近年来有些鱼场会在冬季加温，加温后若要投喂饲料，必须保持池水温度在15℃以上。

五、 梅雨季节

梅雨季空气潮湿且水温过高时，细菌和寄生虫开始大量繁殖，饲养者需及时做好细菌感染、寄生虫病发生的预防措施。若是锦鲤被寄生虫寄生或细菌感染引发疾病，切记遵医嘱，谨慎用药。

东方养鲤场带遮阳网的水泥池

第六章

锦鲤水族箱和锦鲤池

　　人们通常选择用水族箱或池子养锦鲤，然而这两种载体的饲养方法却有很多不同，水族箱的硬件配套、水池的建造、循环过滤系统，以及不同水体的管理方法，都会影响鱼的品质和展示效果。

第一节 锦鲤水族箱

　　锦鲤因其美好的寓意和靓丽的色彩而备受人们的追捧。随着物质生活水平的提高，很多人开始养起了锦鲤，但因为环境的限制不能掘地建池，或者初期不想投入太大，所以水族箱（鱼缸）养锦鲤是他们最佳的选择。

　　在水族箱里饲养锦鲤有很多好处。首先是可以720°观看爱鲤，近距离观赏它们的一举一动，甚至可以清晰地看到鱼身上的每一枚鳞片、每一抹色彩；其次是给鱼提供一个稳定的生存环境，不用担心刮风下雨、季节变化带来的影响；再次是管理方便，换水、用药都能很轻松地完成。

　　虽然有这么多好处，但水族箱对锦鲤来说，并不是最佳的生活场所，根据锦鲤的天性，它更适合在室外土塘里养殖。首先水族箱里生物种类单一，营养全靠人工饲料，锦鲤犹如温室里的花朵，抵抗力不是很强；其次，锦鲤是大型观赏鱼类，水族箱水体小，活动范围有限，会限制锦鲤的生长。

　　对于计划用水族箱饲养锦鲤的人，该如何选择一个合适的水族箱呢？第一点，一定要有过滤设备，无论是上滤、侧滤还是底滤，过滤是一个水族箱的灵魂。锦鲤食量大、粪便多，水族箱自我净化能力很差，所以必须依靠强大的过滤系统来保证水环境稳定。第二点，由于锦鲤是大型观赏鱼类，又活泼好动，所以要选择大型水族箱。第三点，也是最重要的一点——安全性，大型鱼缸重量大、盛水多，所以要考虑鱼缸是否足够结实；地板、底座承重是否允许；鱼缸上面要有盖子，以防锦鲤跃出。此外，有几个因素虽然不是特别重要，但也需要考虑到。一是要选择可蓄电运转的增氧设备，因为锦鲤是高耗氧鱼类，

办公室水族箱

一定要保证水族箱中的溶氧充足；二是水族箱材质选择普通玻璃就好，钢化玻璃存在一定的自爆率，超白玻璃缸则成本较高；三是水族箱要美观且与室内环境无违和感。

有了合适的水族箱，选择合适的锦鲤也十分重要。首先不能选有大型基因的鱼，毕竟水族箱是小水体，而大型鱼需要足够大的活动空间和强大的过滤系统，这是水族箱难以满足的。其次，市面上以花纹分布在背部的锦鲤居多，尽量选择花纹分布在鱼体侧面的锦鲤，因为水族箱饲养锦鲤跟鱼池饲养有差别，水族箱是侧视观赏，而鱼池是俯视观赏。

在投喂方面，因为水族箱空间有限，而锦鲤的生长速度很快，所以喂养方法与池养锦鲤截然不同。水族箱喂养锦鲤是不需要它快速生长的，所以不必选择增体饲料，投喂次数也会少于池养锦鲤，可根据水族箱大小决定投喂量，一天投喂一次满足锦鲤基本生活所需即可，如果希望锦鲤停止生长，则一周投喂两次即可。

很多鲤友为使水族箱看起来更美观，会使用仿真水生植物或其他装饰品对鱼缸进行美化，使用此类产品时，一定要注意品质。劣质产品会释放毒素，而且时间长了会褪色，购买时还应特别注意检查产品有无锋利边缘，具有锋利边缘的产品容易使鱼受伤。使用真水草比较安全，而且造出的景观也更加美丽自然，但是在投饵不足的情况下，水草可能会被锦鲤吃掉，要经常栽种新水草。不论是假水草还是真水草，都不能贪多，否则既减少鱼的活动空间，还会让鱼缸看起来杂乱无章，反而影响美观。

第二节 鲤池种类

根据锦鲤池塘的用途，基本上可分为四类，第一类是园林鲤池，主要用于大众观赏；第二类是庭院鲤池，主要用于满足个人兴趣爱好；第三类是鲤场水泥池，主要用于养殖贩卖锦鲤；第四类是鲤场土池，主要用于鲤场日常饲养培育。

园林鲤池

一、 园林鲤池

从广义上讲，凡是景区内放养了锦鲤的池塘，都可称为园林鲤池。最具有代表性的就是济南的趵突泉了。景区内的池湖大多是景区的核心，在水中放养锦鲤既能完善池湖的生态系统，又能增加观赏价值，吸引游客。鲤池周围都会有绿植、假山等相互衬托，草、木、石、鱼结合起来可以给人以清爽、生机、向上的感觉，这就是园林鲤池最大的价值所在。园林鲤池没有其他附属设备，放养的锦鲤都是较便宜的鱼。

园林鲤池

二、 庭院鲤池

若庭院中有水池，则会被视为庭院的"点睛之笔""灵气之所在"。有水必有鱼，水养鱼、鱼活水，两者在一起可使庭院更具有活力和生气。庭院锦鲤更能与人互动，可陶冶主人的情操，促使其修养心性。有些爱好者家里没有庭院，而选择在楼房中或楼顶建池，此时需重点注意安全问题。

庭院鲤池

三、 鲤场水泥池

在大规模养殖中，为方便管理、保持美观整洁，养殖业者会集中建造许多长方形水池，容积在 20 ~ 100m³，池深 2m，水位在 1.5 ~ 1.8m，池壁刷上水性漆，池顶建大棚以防风雨，这样的池子是锦鲤行业从业者最常用的池子。为防止气温低而结冰，这种鲤池常建在南方或北方温室大棚内。工厂化鲤池最重要的就是过滤系统和给排水系统，当然，大型增氧机也是不可或缺的。

鲤场水泥池

四、 鲤场土池

很多占地大的鲤场都会建有几个土池，面积小到 60m²，大到 6 000m²，池底呈锅底形，中央深度在 2m 左右。土池都是建在室外，即使北方冬天天气寒冷，锦鲤也可以在池塘里过冬。土池更接近自然环境，对于锦鲤来说，这是最适合的生长水域，阳光、水、浮游生物和锦鲤等构成了完整的自然生态系统。实践证明，自然水体中的营养元素、土壤中释放的矿物质元素、生物饵料提供的营养元素，加上较大的活动区域，能使锦鲤获得较快的生长速度和强健的体质，所以土池养鲤常作为从业者把锦鲤养大的重要方式。

鲤场土池

第三节 基础造池知识

在锦鲤界，锦鲤从业者和锦鲤爱好者构成了行业主体，所以锦鲤池也是以鲤场水泥池和庭院鲤池两类为主流。无论是什么池，都是用来饲养锦鲤，所以造池的基本原理和设计施工都是一致的，只是庭院鲤池的周边多了些点缀和装饰。本节以地上庭院鲤池建造为例予以介绍。

初步建成尚未投入使用的锦鲤池（图片来源：中锦俱乐部）

 **造池准备**

①明确建池的目的，最好征得家人的支持，方便日后有人帮忙管理。

②丈量土地使用面积，确定池子的方位，此时要为池边预留出空间，但鲤池要做到尽可能大，以免日后后悔太小。然后确定池塘形状，可以是规则的方形、圆形，也可以是不规则的形状。

③做好设计图和施工图，并确认可行性和科学性。若自己不懂，可求助专业人士，这是最重要的环节，一定要高度重视，最好进行多次推演和反复论证，否则建成后发现不妥，改建费时又费力。

④列出所需材料、设备，计算施工成本，做出准确预算，材料和设备也需要根据鱼池大小等因素合理选取，这些也需要多征求专业人士的建议。

二、 基本造池方法

做好了前期的充分准备，就可以动工了。第一步是挖池，一般鲤池深度在 1.5～2m 为好，因为要在池底铺设管道，所以要先挖深一点。第二步，池底铺设给排水管道，四周砌砖，池内铺设钢筋，然后浇筑水泥，一般要求池底钢砼厚 30cm，四壁钢砼厚 12～15cm。池底向排水孔倾斜，一般会把排水孔设在池底中心，池底呈锅底形。第三步是分割过滤池，完善水循环管道、给排水管道、过滤仓和增氧系统，一般要求过滤池体积达到主池的 1/5～1/3。第四步是在池底和内壁敷水泥、做防水。由于水泥和混凝土里都有碱，会对池水 pH 产生较大的影响，所以，建池完工以后，一定要用冰醋酸浸泡池子。第五步，美化装饰，试水泡池，检查各系统是否正常运转，把水养好以后，先放入廉价的试水鱼，确定水体有害物质降解到安全范围内，才可以把锦鲤放进池中。

锦鲤池管道铺设（图片来源：中锦俱乐部）

锦鲤池施工现场（图片来源：中锦俱乐部）

三、 注意事项

①安全问题，包括用电安全和施工期间人身安全。若在高层建池，一定要考虑承重问题。

②鲤池要选在通风透光的地方，周围最好无大型落叶乔木。

③建池采用的材质一定要对人和锦鲤都无毒无害，设备标准尺寸要合适，比如要根据池体大小选择水泵，根据水泵大小、过滤池的空间选择管道规格。另外，水泵、气泵和水流都是有声音的，要考虑减小或消除噪音。

④放水后如发现呈碱性，需要进行脱碱处理，可放入适量冰醋酸泡池数天，之后换新水，买一些廉价锦鲤试水。

⑤鲤池的关键在于过滤，过滤不合理，会大大增加日后管理工作量，甚至威胁鱼体健康。

第四节 循环和过滤系统

前文中多次强调，过滤系统在鲤池或水族箱中非常重要，所以此节单独讲一下过滤系统。水族箱过滤系统根据位置可分为上滤、侧滤和底滤。鲤池过滤系统根据污水流经滤材的方式分为滴流过滤、溢流过滤和混合过滤；根据过滤原理可分为物理过滤和生化过滤（生物过滤）。为满足小水体、小空间锦鲤爱好者的需求，很多商家推出了可移动的成品过滤器，如过滤桶、过滤箱、砂缸、智能转鼓过滤器等，但过滤原理无非是物理过滤或生化过滤。

一、 物理过滤

物理过滤是指通过物理方法或机械手段，用滤材拦截水中的大颗粒物质。大颗粒物质通常为残饵、粪便和其他杂质。可拦截的物质粒径大小，取决于所用的滤材的孔径大小。

毫米级的过滤器材如毛刷、滤网，可以拦截残饵、粪便；微米级的过滤器材如过滤棉中的PP棉，常见的有两种规格：$1\mu m$ 和 $5\mu m$，所有的浮游生物几乎都能被其拦截；纳米级的过滤装置如超滤膜、RO机，细菌、真菌、大分子有机物都可以被其拦截。通过这些滤材过滤出的水可直接饮用，

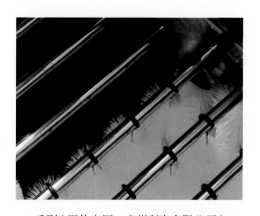

毛刷（图片来源：广州利净有限公司）

毛刷和过滤棉（图片来源：广州利净有限公司）

过滤棉（图片来源：广州利净有限公司）

但因为成本高,在锦鲤养殖中很少用。

另外,还有一类很重要的滤材,就是以吸附功能为主的滤材,包括活性炭、麦饭石、沸石等。以活性炭为例,它是一种颗粒状的无定形碳,有很多孔隙,具有很强的吸附功能,主要吸附水中有机物、胶体,也能吸附部分重金属,吸附能力根据活性炭材质、加工工艺不同而不同,现在市面上已有水族专用的商品活性炭。

这些物理过滤滤材是可反复冲洗并重复使用的,但再次利用时过滤效果会降低。物理过滤是初级过滤,可大大降低生化过滤的压力,所以不可或缺。

二、生化过滤

生化过滤是微生物分解水中有害物质并转化成无害物质的过程。在锦鲤养殖中,氨氮和亚硝酸盐为主要有害物质,生化过滤主要是通过硝化细菌来过滤养殖循环水,硝化细菌可把水中有毒的分子氨(NH_3)、离子铵(NH_4^+)和亚硝酸根离子(NO_2^-)转化成无毒的硝酸根离子(NO_3^-)。

生化过滤器材根据硝化细菌附着的位置不同主要分为两类。第一类是表面附着类,代表产品为生化棉和生化球;第二类是孔隙内附着类,代表产品为细菌屋和陶瓷环。

生化棉是使用最为广泛的一种生化滤材,主要作用就是作为硝化细菌的温床,培养硝化细菌。相对于过滤棉,生化棉质地柔软、孔大疏松、渗透性好,而且厚度较厚,更有利于硝化细菌附着。生化棉也能起到物理过滤的作用,但因为前面的过滤棉拦截了大部分杂质,所以生化棉的物理过滤作用不明显。过滤棉需要定期清洗,并无特殊注意事项。生化棉一般1~2个月清洗一次。清洗生化棉时用鱼缸或鱼池中的水轻轻揉几下即可,不可以用清水猛烈清洗,否则会对长时间培养起来的硝化细菌群造成严重的破坏。生化棉最好不要更换,除非因时间太长而破碎,所以在选择时,一定要选择质量上乘的生化棉,减少更换次数。

市售生化滤材(图片来源:广州仟湖水族宠物器材制造有限公司)

市售生化滤材(图片来源:广州仟湖水族宠物器材制造有限公司)

生化球是用无毒塑料制成的网状球体，在其表面具有复杂的凹槽纹理，硝化细菌着生其中，水从表面流过会被分流而顺着凹槽纹理不断改变方向，从而延长水流经过的时间和流程，大大增加了硝化细菌的作用时间。生化球孔径巨大，对水流不产生阻力，当水流量过大时，硝化细菌的作用就显得很小了，所以，这种生化滤材一般应用在滴流过滤中，这也是设计生化球的初衷。

细菌屋是由多种矿物质烧制而成的圆柱体或长方体，中空并遍布孔隙，具有良好的透气性和透水性，适合硝化细菌的附着和生存，由于具有超大的比表面积，所以培养硝化细菌菌群的能力很强。水流会顺着细菌屋弯弯曲曲的孔隙流动，硝化细菌便可发挥净化水质的作用。同时，因其构成材质，细菌屋也具有吸附重金属离子和释放轻金属离子的作用。有些高端细菌屋产品中，会加入火山石和麦饭石成分，使其具有释放远红外线和微量元素的能力。远红外线可活化水，增加水的携氧能力，微量元素可增强锦鲤的免疫力。细菌屋唯一的缺点就是占用空间大，但因其良好的净水作用，受到许多爱好者的青睐。有一点需要注意的是，在使用新的细菌屋之前，最好用开水煮一下或用清水浸泡一段时间。

陶瓷环是细菌屋的缩小版，同类产品还有玻璃环、石英球等，作用和原理都是一样的，都具有很多孔隙和较大的比表面积，硝化细菌着生其中。陶瓷环的优势是更小巧，分流作用更强，不会产生死水，而且见效更快，但硝化细菌数量不如细菌屋多。

三、 硝化细菌——净化水质的主角

硝化细菌是以氧化氨或亚硝酸根为能源、以二氧化碳为碳源的自养好氧型细菌，广泛分布在水体和土壤中。亚硝化细菌负责把氨（包括分子氨 NH_3 和离子铵 NH_4^+）转化成亚硝酸根，硝化细菌负责把亚硝酸根转化成硝酸根，其间释放能量以促使硝化细菌群把二氧化碳转化成自身需要的碳水化合物。由于它们的能量利用率很低，所以它们必须不辞辛苦地不断进行硝化作用，而且繁殖很慢，繁殖一代需要 10h 以上，所以培养硝化细菌菌群是需要一定时间的，一般 7d 左右可以产生稳定的菌落，并持久发挥作用，不需要额外加入硝化细菌。培养好菌群后千万不要轻易破坏，在清洗滤材时要少量多次，轮换清洗，以免造成菌群数量大幅度降低影响水质。

硝化过程需要消耗大量氧气，所以在过滤仓里要不断地充氧，为硝化细菌制造高溶氧环境。在缺氧环境下，硝化细菌会停止硝化作用甚至死亡，反硝化细菌开始活跃。硝化细菌的最适生长温度是 25℃，在 20 ~ 30℃都能保证良好的活性。硝化细菌喜欢弱碱性环境，最适 pH 是 7 ~ 8，pH 低于 6 或高于 9 时硝化作用会受到抑制。

硝化细菌是广盐性细菌，淡水、海水中都可以使用，但不能突然大幅度改变水的盐度。淡水中的菌种组成和海水中的菌种组成有所差别，所以很多市售的硝化细菌是不能通用的。在过滤仓里，很多养殖者会加入紫外线消毒灯来杀菌，这时候就要考虑是否会影响到硝化细菌。硝化细菌具有避光性，主要原因就是其对紫外线敏感。同时，在锦鲤患病用药时也要注意，消毒药和抗生素对硝化细菌也是致命的。

第五节 不同水体的管理

一、水管理

无论是水族箱（鱼缸）还是鱼池，对水的管理最重要的就是开缸（池）的养水和饲养期间的换水。养殖锦鲤的水源无非三种：一是自来水，二是井水、地下水，三是河水、湖水。自来水是洁净的生活用水，但其中含有用来杀菌消毒的氯制剂，对锦鲤不利，需要除氯后方可使用，可通过晾晒曝气或加入1/10 000的硫代硫酸钠处理。井水、地下水中含有丰富的矿物质，对锦鲤有利，但井水和地下水普遍含氧量低，所以需要晾晒曝气后方可使用。有

良好的水环境

些地区的地下水含有铁离子或其他重金属离子，所以在使用地下水之前，要进行水质检测。河水、湖水中浮游生物丰富，但也存在大量有害细菌和寄生虫。这种水需要杀菌、杀虫后才能使用。近年来，由于环境污染问题较普遍，相对而言，用自来水更安全。

水族箱水体小，所以最容易管理。锦鲤开缸放鱼之前要先让水在水族箱里运转3～7d，测定各项水质指标合格后方可放入锦鲤。有些鱼友更慎重，会先放养几条"闯缸鱼"，这些鱼通常是廉价的锦鲤。作用有两点，一是试验水质好坏，二是培养硝化细菌和其他有益菌，即"鱼养水"。

在日常饲养中，换水是保持水质的重要环节，即便过滤系统再强大，也是需要换水的。但换水的频率和水量不能一概而论，需根据鱼缸大小、锦鲤数量、饲喂量、过滤功能强弱以及季节等因素而变化。一般情况下，夏天气温炎热，有机质容易腐败变质，需每天抽掉池底的残饵、粪便，吸走水表面的油膜、残饵、灰尘等，这一套操作下来基本上放掉了1/10～1/5的水，这时注入等量的新水即可。冬季气温低，有机质分解得慢，3d换一次水即可。若出现水质突然恶化、停电断氧或者锦鲤批量患病的情况，需要大

量换水，可换 1/2 左右，甚至全换。这时一定要遵守水温和原水族箱水温不超过 2℃的原则，而且需加入适量大苏打（硫代硫酸钠）去除自来水中的氯。

庭院鲤池开池需要充分浸泡，最好泡 2～3 次，每次 3d，和鱼缸开缸一样，需测定水质指标，然后放养一些廉价的锦鲤来试水、养水，一周后若无大碍，可把试验锦鲤捞出放入爱鲤。因为庭院鲤池是室外池，周围有花草树木和石头，平时也会刮风下雨，

鱼塘消毒

所以难免会有灰尘和一些大的杂物落入水中。若有漂浮物，需用网捞出；若沉于池底，要用刷子将其和底泥一起推到排水口排出。庭池换水规律不定，需视情况而定，但当水面有油膜、气泡或者池水变绿时，影响观赏，要及时换水。在北方地区，为保证锦鲤安全过冬，可在池中加入加温系统或覆盖玻璃顶棚。如果过冬结冰，需要除雪、打冰眼来保证水中溶氧量。

鲤场水泥池是使用频率最高的鲤池，是商业化鲤池的代表，一般配有完善的过滤系统、加温系统、增氧系统和给排水系统。在初次使用之前和庭院鲤池一样，需要有泡池、测水质、试鱼、养水的过程。由于鲤场水泥池是用作商业用途，饲养锦鲤的密度通常比庭院鲤池大，投喂量也大，每天会产生很多残饵、粪便，需要每天抽出或排出这些污物，然后加入等量新水。在实际管理中，随着锦鲤的流转、买卖、倒池，会伴随不定期清池，这时需要人工刷池，以优化下一批锦鲤的水环境。

鲤场土池的管理相对较难，因为人工控制性较差。土池水体大、面积广、有土壤底泥、有充足的光照，水质稳定性最好，但因为露天，受自然因素影响大。放鱼前 7～10d 清塘消毒，然后往土池注水至水深 1.0～1.2m，晾晒 3～5d。待水色变黄绿色后，取适量池水于小容器中，试养几条锦鲤，同时检测水质指标。3d 后若试养鱼没有出现异常，则可把所有锦鲤放入池中，放鱼之后逐天往池中注水直至水深 2.0m 左右。一般养殖者会同时放入适量白鲢和花鲢，用于调节浮游生物量，间接调节水质。

鲤场土池没有过滤系统，因为它本身就是一个完善的生态循环系统，只要没有遇到特别重大的变化，完全可以实现自我调节。但土池需要安装增氧设备，即增氧机，一般以叶轮式增氧机为主，它具有三大作用，分别是增氧、曝气、搅水，平均 2 000m² 水面配备一台增氧机，多多益善，间隔安放，远离料台。开增氧机也是有科学依据的，一般按照"三开两不开"原则，即晴天中午开，阴天清晨开，每天后半夜开，晴天傍晚不开，阴天中午不开。土塘池水一般呈绿色或茶褐色，对水质要求和养殖"四大家鱼"一样，讲究"肥、活、嫩、爽"四个字。就是水中要有比较丰富的浮游生物，朝午晚应有水色的变化，显示水体中藻类的活力，藻类的组成合理、数量适中，没有明显的蓝藻藻华，水体表面没有油膜和大量死藻。土池一般不需要换水，当锦鲤缺氧浮头、水质严重恶化或者锦鲤大面积患病时，才需要换水。当然，勤换水也是有益无害的。

二、锦鲤健康管理

锦鲤的健康管理包括对锦鲤的营养管理和病害防治。饲料因锦鲤的生长阶段不同而有不同的要求：体长 3 ~ 10cm 的锦鲤，宜选用颗粒大小适口、粗蛋白含量在 38% 以上的膨化颗粒饲料（也称浮性颗粒饲料）；体长 10 ~ 15cm 的锦鲤，宜选用颗粒大小适口、粗蛋白含量在 35% 以上的硬颗粒饲料（也称沉性颗粒饲料）；体长 15cm 以上的

庭院鲤池

锦鲤，宜选用粗蛋白含量在 32% 以上的硬颗粒饲料。鱼苗消化器官未发育完善，消化能力不强，但对蛋白质、维生素和矿物质含量要求高，而膨化饲料因在加工过程中经过高温熟化，容易被消化吸收利用，所以最适合鱼苗。但高温处理也造成了饲料中维生素大量损失，所以需要在膨化料中添加复合维生素。规格大的锦鲤消化系统完善，沉性颗粒饲料可满足其需求，而且也符合锦鲤在水体中下层摄食的天性。

在药品选择上，首先不要选择国家和地区违禁药品，其次不能选对环境有污染、对人畜有害的药物。在药品使用上，要遵循说明书和医师指导，合理用药，也可根据经验自行用药。在药品贮存上，要有专门的存放区域，一般要求贮存在通风、干燥、避光、儿童触摸不到的地方。

水族箱饲养锦鲤，一般投喂人工配合饲料，偶尔投喂一些天然饵料如红虫、蚯蚓、面包虫等来调节营养。需要注意的是，新入缸的锦鲤，3d 内不要喂食，水质恶化或者锦鲤状态不佳时需要停喂，停电前后也要停喂。锦鲤有轻微病症时可先通过"加盐、升温、换水"看病情是否有好转，若无好转，需要确切诊断，单独捞出用药治疗，治好后再放回缸内。若有锦鲤患病需隔离出来单独用药治疗，不要全池用药，以免影响其他锦鲤和整个生态系统。

庭院鲤池的锦鲤以观赏为主，不需要经常投喂饲料。因为是在室外，投喂次数、投喂量都和温度有很大关系，特别是北方地区，四季分明，温差较大。成鱼在水温 28 ~ 30℃ 时，每天投喂 2 次；在水温 22 ~ 28℃ 时，锦鲤消化最好，每天可投喂 4 ~ 8 次；在水温 18 ~ 22℃ 时，每天投喂 3 次；在水温 15 ~ 18℃ 时，每天投喂 2 次；在水温 12 ~ 15℃ 时，每天投喂 1 次；在水温 8 ~ 12℃ 时，每周投喂 2 次；在水温 8℃ 以下停喂。每次投喂以锦鲤在 5 ~ 20min 内吃完为好。在阴天下雨、锦鲤状态不佳或水质恶化时需停喂。

鲤场水泥池一般都是规模化、集成化、自动化，建在透光大棚内，有遮光、保温设施。水温长期处在最适范围，以促进锦鲤消化和生长。喂食遵循"少食多餐"的原则，一般以人工配合饲料为主，可偶尔投喂天然饵料。投喂可根据锦鲤的需求和水的温度搭配使用各种功能性饲料，如水温较低时，投喂易

消化的胚芽饲料为佳；生长期投喂育成饲料；需要锦鲤发色时，投喂色扬饲料，但色扬饲料最好在水温22～28℃时投喂，此时利用率最高，对鱼消化系统的压力最小；若还想让锦鲤长得壮些，可投喂增体饲料。一般在锦鲤出售前、比赛前的一段时间内投喂色扬和增体饲料，临近出池需停喂。

鲤场土池的锦鲤平时可捕食天然饵料，但其营养是无法满足锦鲤成长需要的，还是应该以投喂人工配合饲料为主。投喂习惯要坚持"定时、定点、定质、定量"的"四定"原则。投料台和投饵机要安装在上风口，一般要求按池配备投饵机，土塘每1000m² 水面至少配备一台投饵机，每次投饵时间在30～45min 为佳。在鱼体长3～10cm时，每天投喂6次，第一餐在早上8∶00前后，之后每2h左右投喂一次，最后一餐在天黑前半小时左右投喂，日投饵量为鱼体重的8%～10%；在鱼体长10～15cm时，每天投喂4～6次，投喂的时间点基本相同，日投饵量为鱼体重的5%～8%；在鱼体长15cm以上时，每天投喂4次，2～3个小时间隔投喂一次，日投饵量为鱼体重的4%～6%。遇阴天下雨、缺氧浮头、水质恶化、鱼摄食不积极时，应减少喂食甚至不喂。

在实际操作中，日投喂量和投喂次数需根据天气、水温、摄食情况进行调整，不要完全依照书本所讲。养殖者可定期把酵母菌、芽孢杆菌等益生菌或营养添加剂拌在饲料中投喂，促进锦鲤消化、增强锦鲤体质。在进行肠内寄生虫预防和治疗时，也可把清虫药拌在饲料中投喂。拌料的方法是将产品化水后，用喷雾器喷在饲料上，再晾干即可。

三、其他管理和注意事项

对锦鲤的饲养应尽量遵循锦鲤天性。锦鲤属于底栖杂食性鱼类，荤素兼食，饵谱广泛，吻部发达，常拱泥摄食。锦鲤是变温动物，体温随水温变化而变化，故无须靠消耗能量来维持恒定体温，所以摄食总量并不大。锦鲤属于无胃鱼种，且肠道细短，新陈代谢速度快，故摄食习性为少吃勤食。锦鲤的消化功能同水温关系密切，摄食的季节性很强。锦鲤属于夜伏昼出动物，故锦鲤缸（池）不能24h 亮灯。

水族箱养锦鲤的人不多，家庭饲养锦鲤以地缸为主，这符合人们对锦鲤的欣赏要求。地缸相当于缩小版的庭院鲤池，管理上有很多相似之处，都需要配备发电设备以防突然断电，都需要时常查看，和锦鲤互动。最好安装远程监控系统，即使不在家时也能及时了解鱼缸（池）情况。

在锦鲤场，需要配备大型发电设备，因为无论在哪里养鱼，水中溶氧量直接决定鱼的生死。此外，还需要长期储备增氧粉和增氧片，以备急需。管理者要养成每天黎明前后巡池的习惯。在黎明前，水体中溶氧量达到最低值，最容易出现缺氧浮头现象。锦鲤场因为鱼池众多，为避免交叉感染，很多器具需要单独使用和存放，若不得已需要混池使用时，需提前消毒。当养殖人员以外的人进入鲤场时，原则上也需要进行手消毒和鞋底消毒。

饲养锦鲤属于农业范畴，许多知识和技术都是需要经验积累的，在长时间养殖实践中才能学到，对技术和设备的改进和创新，也是通过对生产养殖过程中的经验进行总结来实现的。锦鲤饲养的管理是一门理论知识和实践经验相结合的艺术。

第七章

锦鲤的运输

　　随着锦鲤在全球需求的增长，运输成为越来越重要的环节，如何保证鱼不受伤、不交叉感染，运输前要做哪些准备，到达后又该做哪些处理呢？本章将详细讲解。

第一节 鱼场内运输

作为观赏鱼，锦鲤的运输要求远远高于其他水产品的运输。不仅要保证较高的成活率，还要保证锦鲤体表不受伤、不掉鳞。锦鲤体表受伤不仅会大幅降低其观赏价值，受伤部位还容易受细菌和寄生虫侵袭，导致患部出现病变，严重的会导致锦鲤死亡。锦鲤的运输效果直接决定了其未来一段时间的状态和品质，因此，锦鲤的运输环节也成了锦鲤从业者十分重视的关键技术之一。锦鲤运输过程中，要注意细节，操作轻缓，避免锦鲤受伤。锦鲤运输技术方法应根据运输的距离、锦鲤的尺寸、季节、温度不同而做出相应的调整。

一、 如何捞鱼

为了避免锦鲤受伤，在捞鱼的时候必须小心翼翼，捞鱼工具的使用也很讲究。对于成年锦鲤，因其体型和力量都比较大，若用捞鱼网直接捞鱼，会使锦鲤受到惊吓而拼命挣扎，很容易造成鱼体受伤。所以，锦鲤从业者通常不用捞鱼网直接捕捞锦鲤，而是用捞鱼网把锦鲤赶到水中合适的地点。

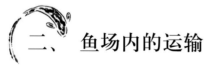

二、 鱼场内的运输

鱼场内的运输距离和时间都较短，在保证安全的前提下，追求操作便捷。通常有三种方法：使用护鱼网兜、用鱼盆运输、空手抱鱼搬运。

护鱼网兜（也叫神仙抄）是专门用于鱼场内短距离运输的工具。这种捞鱼网具是两头开放式的筒状，网布细密，有较好的保水性，鱼在网兜里不会受伤。在使用时，把鱼和水一起装进网兜内，用手抓紧底部，到达目的地后松开底部，鱼就会从袋底游到池或盆里。由于运输距离不过几十米，不需要充氧鱼也不会受到影响，操作方便简单，但一般每次只运输一尾鱼。

用鱼盆运输锦鲤也是鱼场常用的运输手段。在把鱼从池子里捞出来之前，要先准备好盛放鱼的盆，往盆里加入适量的水，单边倾斜向下沉入水中，调整到利于锦鲤进入的状态。然后将捞鱼网慢慢探入水中，把锦鲤赶向盆的方向，尽量不要碰到鱼体，伺机把锦鲤赶到盆里，撤走捞鱼网。用盆把锦鲤从池中取出，水太多提不动时，需要把一部分水倒回池子，锦鲤会习惯性地留在水多的地方，所以要从锦鲤尾部方向倒水。用盆运输时要防止锦鲤跳出来，锦鲤是靠尾鳍压水跳起来的，把水减少到让背鳍露出水面的量，鱼体就不能发力弹跳。放鱼进去的时候要十分小心，鱼盆上加网盖会使搬运起来更安全。

空手抱着锦鲤搬运时，让锦鲤头部朝向自己的腹部，一只手托住下颌，另一只手迅速插到腹下，确定锦鲤身体不动后再抱着搬运。如果用力过大抱得不好，锦鲤会暴躁、挣扎，甚至掉到地上，从而造成鱼体损伤。为了避免这种情况发生，尽量让有经验的工作人员来操作。

第二节 短途运输

短途运输是以时间来划分的，从把鱼打包运输到把鱼放进鱼池里的整个过程，总共耗时在 5h 之内的，都称为短途运输。

一、运输工具

考虑到短途运输的距离并不远，为了操作方便，通常使用汽车作为运输工具。

二、短途运输

锦鲤短途运输：首先提前 3d 将鱼放入暂养池。鱼池不需要太大，方便捞鱼；暂养鱼要根据规格大小停喂 1～3d，鱼越小停喂时间越短，主要是为了让鱼把粪便排干净，保证在运输过程当中减少污染物的产生；准备好适当规格的塑料袋和运输用水，加入 1/4～1/3 清洁无残氯的水，把锦鲤装入袋中并排出袋内空气，用打氧机往袋中充氧，确保袋口扎好后码装运走即可（高档锦鲤需装入泡沫箱中再码装）。

在运输过程当中，如果水温较高，则容易使水质变坏，因此包装用水在 5℃ 以上时，温度越低越好。水温温差过大会使锦鲤产生强烈的应激反应，为了避免这种情况，包装水的温度比暂养池水的温度低 3℃ 为宜。应根据不同温度和规格，确定每袋包装锦鲤的数量，打包时通常是按鱼和水的比例来估算每袋的包装数量，比如水温 10℃ 时，每袋鱼的重量大约为水的 2 倍，而水温 30℃ 时，每袋鱼的重量大约为水的 1/4。在操作过程中，全程避免阳光直射，打包好的鱼应当放置于阴凉处。

三、 短途运输注意事项

①有的锦鲤臀鳍尖锐锋利，要事先用钳子剪掉，防止划破塑料袋。

②塑料袋要套双层，大个体的鱼塑料袋要 3 层，以防意外破损。

③运输途中，夏季需防晒，冬季需防风。

④尽量不要在春季运输大规格锦鲤，尤其是即将产卵的亲鱼。

⑤运输高档锦鲤时，应该把塑料袋装在泡沫箱内，气温较高时，可以在泡沫箱内放置冰块。

锦鲤运输

第三节 长途运输

从锦鲤打包到放进池中总计需要 5h 以上的运输一般视为长途运输。

一、 运输工具

汽车运输和航空运输是锦鲤长途运输的主要方式。

二、 运输前准备

因运输时间较长，为保证成活率，需要在运输前充分做好对锦鲤和运输水体的准备工作。

①锦鲤运输前的准备（停喂、吊水）。锦鲤运输前 3d 停喂，将要运输的锦鲤转入暂养池中，暂养 24h 后需换掉 1/2 的水。夏季暂养池同养殖池一样要避免光照直射，同时要逐渐降低水温至运输温度，

切忌降温幅度太大，1h 内温差不超过 2℃，24h 内温差不超过 5℃。方法流程请参阅短途运输。

②运输水体的准备。考虑到长途运输时间较长，运输水体要含有充足的氧气并且在锦鲤适宜生存的温度范围内尽可能保持低温。安全的自来水、井水或清洁的地表水都可以，但自来水是最常用的水源。

运输前的准备

若使用自来水包装，需提前 2～3d 曝气除氯，并将温度降低至比吊水温度低 2～3℃为宜，可使用冰块降温，但需将冰块用塑料袋包裹好或使用矿泉水瓶装水冻结。

若使用井水包装，需提前 2d 曝晒，并充氧至水中溶解氧饱和。同样降低水温至比吊水温度低 2～3℃。

若使用地表水，必须先用强氯精或漂白粉杀菌消毒，过滤沉淀物后打气 2～3d，使用前先放入几尾锦鲤试验 24h 以上，安全后再使用。若要降低水温，可采用上述冰块降温方法。

③包装密度。锦鲤运输一般 12h 以内采用汽运，12h 以上采用空运。运输时包装既要充分利用空间又要保证成活率，使锦鲤安全无恙，所以包装密度要合理。包装密度主要受水温和运输时长以及锦鲤规格的影响。锦鲤运输通常选用双层塑料袋外加泡沫箱保温，塑料袋封口后水和锦鲤的体积占塑料袋总容积的 2/5～3/5，具体包装密度要综合考虑各方面因素。锦鲤运输水温以 5～10℃为最佳，水温每升高 5℃包装密度要相应减少近 1/2。

④包装方法。用货车运输时，塑料袋充氧后旋紧封口，使塑料袋鼓胀有弹性，之后把塑料袋放入形状大小与之相匹配的泡沫箱中，用胶带把泡沫箱四周封口，封严实后将泡沫箱层层错位码放于车厢，避免泡沫箱塌陷和倒卧。若是运输时气温较高，需将塑料袋包裹好或冻结在矿泉水瓶里的冰块放在泡沫箱四角降温，并用纸垫着包裹好的冰块，以便吸收冷凝水。客车托运的包装还需在泡沫箱外多加一层纸箱，来提高抗冲击能力。

泡沫箱

航空运输的包装与客车托运的包装材料类似，都采用双层塑料袋、泡沫箱、纸箱，只不过通常泡沫箱与纸箱之间又加了一层塑料袋。托运人可根据运输锦鲤数量自行决定塑料袋的规格和数量，但所选用的运输箱必须是由航空公司指定的"鲜活水产航空包装箱"。

三、 大规格锦鲤的长途运输

运输较大体型的锦鲤时，因其规格庞大，挣扎有力，跳跃能力强，要安全无伤地运输到目的地是一件很令人头痛的事情。大型锦鲤的运输同样需要停喂、吊水、打包。运输前的准备工作请参阅前面的方法。运输水体温度在10℃以上或者锦鲤挣扎得比较厉害时，最好在包装时使用麻醉剂。把水和锦鲤依次装入塑料袋后，向袋内持续滴加稀释过的麻醉剂并搅动水体，直到锦鲤停止游动，之后进行封袋的正常操作即可。注意不要直接将麻醉剂滴到锦鲤头部。

大型锦鲤运输时，一定要用与锦鲤体型相匹配的包装材料，确保锦鲤能够伸展身体。如果航空运输使用的"鲜活水产航空包装箱"不够大，要提前与航空公司协调，确保能够使用与之相匹配的航空包装箱；若不能办理空运，综合考虑具体情况选择包机专运或者汽运。

第四节 到达目的地后的处理

锦鲤运输到达目的地后，先检查袋内锦鲤的健康状况，若有漏气或死鱼的塑料袋，可直接拆开，连鱼带水倒入打气的池水中，救回濒死的锦鲤，并捞出死鱼。

没有破包或死鱼的塑料袋要"过水"处理，以便锦鲤适应新的水温。直接将装锦鲤的塑料袋放入准备好的池水中，静置 30～60min，夏季注意避免阳光直射，等袋内水温和池水温度相同时，解开塑料袋消毒。锦鲤消毒可选用 10mg/L 的高锰酸钾浸泡 10min 或用 5% 的盐水浸泡10min。之后徒手或用护鱼网兜将锦鲤移入池中。注意包装袋内的水尽量少带入池中，也不要直接倒进池里或水渠里。

锦鲤运输车

第八章

锦鲤的疾病与对策

　　锦鲤是鲤科鱼类，鲤科鱼类所发生的病，几乎都能在锦鲤身上发现，但有特殊性。锦鲤是精品式饲养，往往一条鱼要养上近十年，在这个过程中，很可能某一种病害就断送了它的前程，让它变得不再美丽，所以如何给锦鲤治病，成了很多人非常头疼的大事。

第一节 锦鲤的异常表现

想知道锦鲤是否健康，首先我们要知道健康的锦鲤是什么样子的。健康的锦鲤体型匀称，体表干净、色彩亮丽有光泽，分布在整个池子，优雅、悠闲地游来游去。饲养者要把池水的状态和锦鲤日常活动的样子熟记于心，锦鲤出现异常，就能很快发现。不同的疾病可导致锦鲤出现相同的表现，相同的疾病也可能出现不同的症状，所以，发现异常表现之后，并不能轻易断定锦鲤患了某种病，需要进一步详细诊断。

一、 外观异常

锦鲤外观异常表现主要发生在姿态、体型、体表和体色上。有的表现可以在池中就能看到，有的则需要从池子里捞出来仔细近看，以做出正确诊断。采用先整体后局部的原则，先查看整个鱼体的表征，再看头、鳃、口、眼、须、鳍、肛门等部位。

①先观察锦鲤是群体异常还是个体异常，大多数情况下最先表现出的是个体异常。

②观察锦鲤的外观是否有畸形，若先天畸形则无关紧要，若之前正常，近日出现身体畸形，则是患病的表现。

③观察锦鲤是否有褪色，绯盘消失，墨色变白，颜色变浑浊，绯、墨上出现白膜覆盖，体表失去光泽等现象。

④观察锦鲤体表是否有创伤，创伤是机械损伤还是病原感染导致的；观察锦鲤体表是否有出血或充血现象；观察锦鲤体表是否有寄生虫寄生，是否有附着物；观察锦鲤鳞片是否竖起或部分脱落。若出现以上现象则是患病的表现，需要尽快治疗。

⑤观察锦鲤头部是否凹陷，口部是否变红，眼球是否突出或凹陷，是否有断须现象。

⑥观察锦鲤口和鳃的开合节奏和幅度是否与健康锦鲤不同；观察锦鲤鳃盖是否有病灶，鳃丝是否水肿、腐烂、充血、出血、黏液增多、有异物附着、发白等。

⑦观察锦鲤背部是否细瘦，腹部是否膨大，身体是否出现肉瘤，这些异常也是锦鲤患病的表现。

⑧观察锦鲤鳍是否异常，有没有开裂、腐烂、充血、溶解、开孔、缺损等现象。

⑨观察锦鲤肛门是否红肿、外凸，是否有黏液流出，顺便查看锦鲤粪便，若粪便是悬浮并且有白膜覆盖，则说明锦鲤肠道黏膜脱落，是危险的信号。

状态良好的锦鲤

二、 行为异常

  锦鲤的行为异常主要从吃食状态、静处状态和运动状态三个方面观察。锦鲤不会说话，只能通过行为举止告诉饲养者它们想表达的意思。不同锦鲤也有不同的脾气秉性，所以有时候看似行为异常，其实是它性格的表现。若想准确地判断锦鲤的异常行为，需要细心的观察和大量的经验累积。

  观察锦鲤的吃食状态，锦鲤吃食不积极或不吃有三种原因，一是环境因素突然改变，比如水质突变、水温突变，换了新环境或周围生物发生变化等，解决办法是人为改善环境或静待锦鲤适应新环境；二是鱼体自身原因，如吃太饱或处于某个生理时期；三是锦鲤患病或即将患病，如离群不吃，在一边独游，则说明出现了问题，需要及时诊断和治疗。鱼群吃食期间突然散开，仿佛受到了惊吓，过几分钟后游回来继续吃食，或者吃食期间成片急跳，这些都是异常的表现。

观察锦鲤的静处状态，首先看锦鲤在池子里的位置。若静卧池底，还不能确定是否异常，因为很多健康的锦鲤正常状态下也会这样，但长时间在池底不动、靠近排水口或鱼身倾斜不能保持平衡，则是异常的表现。锦鲤长时间在水面漂浮，头朝上、尾朝下，在水面急促呼吸，这是鱼池缺氧的症状。

观察锦鲤的运动状态，这是判断锦鲤是否异常的重要方法。异常状态包括：鱼群头朝进水口逆水冲击，个别鱼离群独游，刮蹭池底或池边，身体失衡侧游、斜游或倒立、狂游、乱窜、跳跃、打转、呆滞、反应迟钝、无力地游动等。

第二节 各种疾病的症状与对策

锦鲤疾病按照致病原的不同可分为寄生虫性疾病、真菌性疾病、细菌性疾病、病毒性疾病和其他疾病。对待锦鲤疾病，要坚持"预防为主、防治结合""急则治其标，缓则治其本""先杀虫、后杀菌"的原则，仔细诊断，对症下药，足量使用，方法得当。是药三分毒，任何药物都存在一定的副作用，对生物体来说，药物是一种异物，在抑杀病原体的同时也会伤害到锦鲤，所以应尽可能为病鱼考虑，安全用药。大部分药物对人有害，因此在使用水产药物时需采取妥善措施，在治疗病鱼前务必佩戴手套和口罩，切勿双手直接接触药物。

针对药剂使用量，虽然药物说明书标注了一定的标准，但结合水温、水质等使用条件的差异，每例病症的药量都会有所调整。即使药品对症，用量不当也会诱发各种问题，如药剂过量会造成锦鲤内脏受损、脊椎弯曲甚至死亡等，相反，药剂用量不足会促生耐药菌，进而导致用药失败。虽然水质会影响药效，但普通用药者不可能量化这种影响。生产厂家在确定用法和用量时也考虑到了这种情况，所以无论何种情况，都应按使用说明书操作。药剂使用方法需要特别注意，针对药浴、涂抹、口服等治疗方式，药品的使用方法都有不同的规定。药物滥用可谓缘木求鱼，与目标相左的给药不仅达不到治病的目的，反而会扩大副作用，导致锦鲤症状进一步恶化。

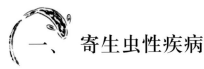

一、 寄生虫性疾病

根据寄生虫寄生部位，可分为体外寄生虫和体内寄生虫。体外寄生虫病包括鱼虱病、锚头蚤病、车轮虫病、斜管虫病、口丝虫病、小瓜虫病（白点病）、钟形虫病、累枝虫病、体表单极虫病、碘泡虫病、肤孢虫病、指环虫病、三代虫病等，体内寄生虫病包括绦虫病、肠单极虫病等。

鱼虱病

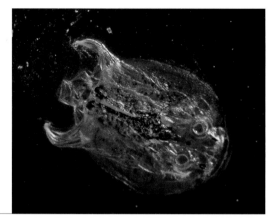

【病原】鱼虱，属鳃尾纲，体形扁，呈卵圆形，体长3～8mm，是大型寄生虫。在水中来回游动，接触鱼体后用腹部的1对吸盘吸附在鱼体上，以口刺刺入鱼体，从锦鲤身上摄取自身需要的营养。

鱼虱

【症状】鱼虱的毒素导致锦鲤被寄生部位发炎、发红，体表黏液分泌异常。因鱼体受到强烈刺激，锦鲤频繁抖动胸鳍和背鳍，试图抖落虫体，有时还会跃出水面，间歇性侧游或急速狂游，或在池底、池壁等处摩擦身体。

锦鲤体表与异物摩擦后会受伤，伤口很容易被细菌感染，诱发二次感染，可导致竖鳞病、穿孔病。鱼虱大量寄生可导致锦鲤食欲不振，行动缓慢，漂在水面，离群独游，趴在池底静止不动。会出现多尾被寄生的锦鲤趴在池子某个角落不动等情况，发展成重症后可能致死。

【流行】水温15℃以上（春季至秋季），6—8月最易发病。

【发病年龄】全龄。

【对策】使用含有三氯松（敌百虫）成分的驱虫剂进行药浴。三氯松对虫卵无效，所以2周后需再次使用驱虫剂。土塘放鱼前用生石灰清塘，杀灭虫体和虫卵。另外，为了防止发生二次感染，驱虫后需使用抗菌剂或消毒剂进行消毒。

鱼虱寄生在腹鳍附近

锚头蚤病

【病原】锚头蚤，属大型甲壳类寄生虫，体长约 1cm。雄虫一般不寄生，雌虫接触到鱼体后，锚状头部刺入鱼体，用口器吸取营养。虫体数量多时，像蓑衣，故称蓑衣病。

锚头蚤病

【症状】锚头蚤寄生部位会出现炎症、出血、红肿症状，同时伴有黏液分泌异常，寄生部位稍微隆起。和被鱼虱寄生的情况一样，被寄生的锦鲤也会试图将虫体抖落、摩擦身体、跳跃、狂游，创伤会引起细菌、病毒、霉菌的再次感染。口腔内部遭寄生的锦鲤会出现食欲不振，很快就消瘦。虫体大量寄生会导致寄生部位周围黏液分泌量大。重症锦鲤会出现漂在水面、动作迟缓、离群、趴在池底静止不动等表现。后期会有多尾被寄生的锦鲤趴在池子某个角落不动。

【流行】水温 15 ~ 30℃（春季至秋季），夏秋季节多。

【发病年龄】全龄，幼鱼更易患病。

【对策】当寄生的虫体不多时，可用镊子去除，然后在患处涂抹抗菌药，再放回池中。患病鱼多时，使用含有三氯松（敌百虫）成分的驱虫剂进行药浴，需在 1 周后再次使用驱虫剂驱除新生幼虫，多次用药才能彻底驱除。也可以使用高锰酸钾药浴，可杀灭大部分成虫和幼虫。土塘放鱼可用生石灰清塘，杀灭虫体和虫卵。另外，为了防止发生二次感染，驱虫后需使用抗菌剂或消毒剂进行消毒。

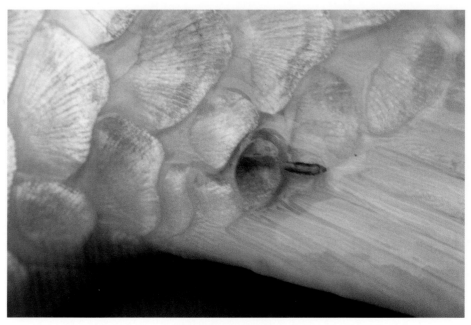

锚头蚤寄生在鳞片上

指环虫病

【病原】指环虫，属单殖吸虫，虫体呈长筒形，动作像尺蠖。雌雄同体，卵生，在鱼鳃上产卵，卵落入水中发育成幼虫，幼虫寄生在鱼鳃上发育成成虫。

被指环虫寄生的鳃部

【症状】虫体寄生在鱼鳃部，导致黏液分泌过多、上皮增厚。鳃部大量寄生可导致鳃丝全部或部分变白，贫血，呼吸困难，鳃盖一直张开。病鱼缓慢游动或趴在池底不动，直至死亡。

【流行】水温 20～28℃（春季至秋季）。

【发病年龄】全龄。

【对策】使用高锰酸钾或含有三氯松（敌百虫）成分的驱虫剂进行药浴。也可使用高浓度盐水（3%）浸泡 5～10min。一次用药不能全部驱除的情况下需要多次药浴。

被指环虫寄生的鱼鳃部发白

三代虫病

【病原】三代虫，和指环虫一样是单殖吸虫类，身体扁平纵长，可自主伸缩，动作像尺蠖。三代虫属于三代虫科，和指环虫形态非常相似。三代虫为卵胎生，在卵巢的前方有未分裂的受精卵及发育的胚胎，在大胚胎内又有小胚胎，因此称为三代虫。

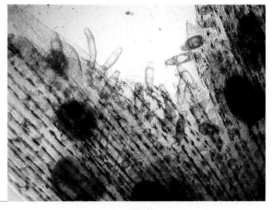

三代虫

【症状】三代虫主要寄生在锦鲤鳃部、鳍部，也可寄生在全部表皮。该病症状酷似指环虫病症状。三代虫在同一锦鲤体表不断产子，所以可见个体大量寄生的案例。该虫寄生严重可致锦鲤鳃部瘀血，出现灰色斑点等。虫体大量寄生在体表时，黏液增多，发白，失去光泽。病鱼身体消瘦，食欲减退，呼吸困难，晚期可见锦鲤无力地漂游在水池表面。

【流行】全年，20℃时易暴发，春末夏初严重。

【发病年龄】全龄。

【对策】同指环虫。

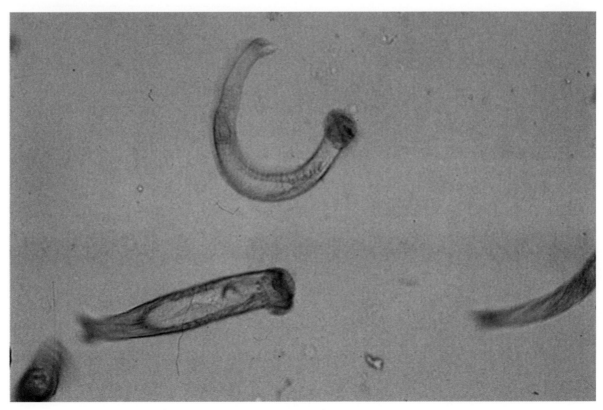

三代虫

车轮虫病

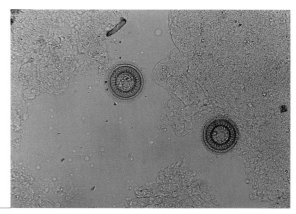

【病原】 车轮虫，是纤毛虫的一种，形状呈碟形，游泳时像车轮一样转动，有一附着盘，吸附在鳃丝和体表上，来回滑动。

车轮虫

【症状】 该虫可寄生在鱼鳃、口腔、体表、鳍等部位。被该虫寄生后，锦鲤有在池底、池壁等处摩擦身体、狂游、跳出水面等表现。随着症状加重，锦鲤还会出现黏液分泌过多、全身覆盖白膜，类似白云病的症状。重症鱼食欲下降，变瘦，游动缺乏活力，漂在水面或静止不动。掀起鳃盖用显微镜观察，可见鳃上皮细胞增生，鳃瓣棒状化，鳃功能不全，出现缺氧症状。

【流行】 水温 10 ~ 28℃，高峰期为 5—8 月。

【发病年龄】 全龄，鱼苗更易患此病。

【对策】 在饲育池进行 0.5% 的盐水浴，长时间浸泡有效。用硫酸铜和硫酸亚铁合剂药浴有效。使用 1% 的高浓度盐水浸泡 1h 亦有效。

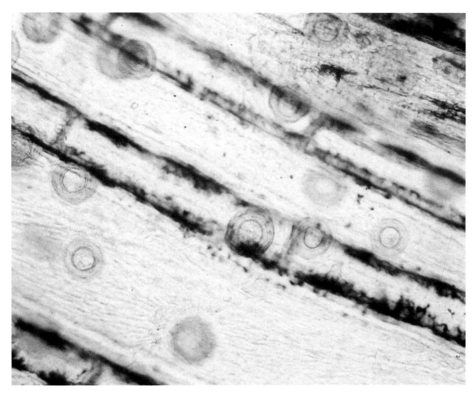

被车轮虫寄生的鳃部

斜管虫病

【病原】鲤斜管虫和车轮虫，一样属于纤毛虫类寄生虫，有背腹之分，背部隆起，腹面较平，胞口和身体纵轴成30°，故名斜管虫。

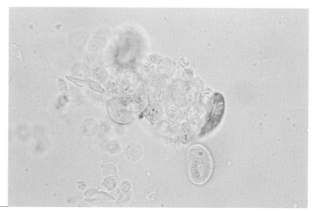

斜管虫

【症状】该虫适宜温度为5～12℃，在0～20℃的温度内都有增殖的可能，少量寄生时症状并不明显。与车轮虫病等纤毛虫感染病症状相似，水温低于20℃时应先考虑是否为此病。比较容易识别的症状是黏液分泌过多引起的白云病症状。被该虫寄生后，锦鲤会有游动过激、跳出水面、用鱼体摩擦异物等表现。病情加重后会出现黏膜剥落、体表粗糙失去光泽、白底和鳍出血等症状。重症时期锦鲤食欲不振，快速消瘦，鱼体发黑，没有力气，被冲到排水处。使用显微镜观察寄生部位，鳃部和体表可见表皮增生。鳃部寄生较多可导致鱼缺氧症状，鳃盖持续张开。

【流行】水温20℃以下发生，12～18℃最容易暴发。

【发病年龄】全龄，鱼苗更易患此病，可引起大量死亡。

【对策】同车轮虫。

被斜管虫寄生的病鱼

口丝虫病

【病原】 口丝虫，又名鱼波豆虫，是鞭毛虫的一种，虫体呈梨形或卵形，生有 2 或 4 根鞭毛。

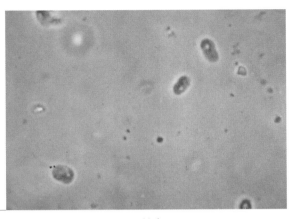

口丝虫

【症状】 这种鞭毛虫类离开宿主时，呈接近长方形的椭圆形状，寄生在鱼体后则变成西洋梨状。锦鲤被该虫寄生的症状跟其他纤毛虫相同。病鱼最初有跳出水面、身体摩擦异物等表现，特征是体表可见白色到灰色的斑点，类似白云病症状。症状加重后，锦鲤会无力地漂游、趴在池底等。大量寄生可导致锦鲤黏液分泌量激增，寄生部位表皮的上皮细胞明显增生，甚至坏死。病鱼食欲不振、没有力气，最终被冲到排水处。

【流行】 水温 20℃ 以下。

【发病年龄】 全龄，鱼苗更易患此病。

【对策】 在饲育池进行 0.5% 的盐水长时间浸泡有效。使用 1% 的高浓度盐水浸泡 1h 亦有效。

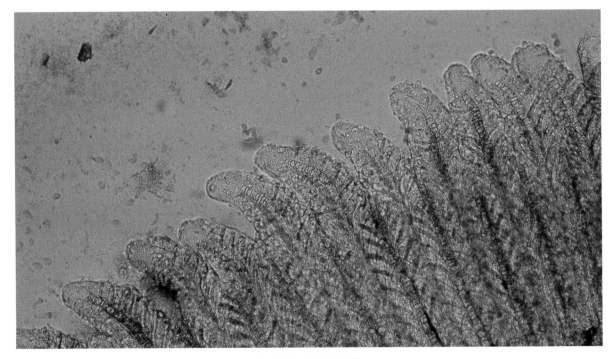

被口丝虫寄生的鳃部

白点病

【病原】小瓜虫，也是纤毛虫的一种，在寄生部位可形成小白点状包囊，严重时全身可见小白点。

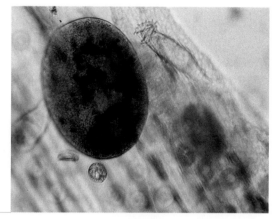

小瓜虫

【症状】白点病不限于锦鲤，全部鱼类均可见此病。小瓜虫可寄生在鱼体所有部位，被寄生的锦鲤会摩擦异物，病情加重后游动变得迟缓，漂游在水面，离群独处，最后沉在池底一动不动。发展为重症后，不仅会产生炎症，锦鲤体表的黏液分泌过多也很明显，可见黏膜剥落。鳃部寄生是非常危险的情况。

【流行】水温 15 ～ 25℃可发病流行，20 ～ 25℃时虫体最容易感染宿主。

【发病年龄】全龄。

【对策】把水温保持在 28℃以上，虫体自然脱落。长时间进行盐水浴（0.5%）亦有效。隔 2 ～ 3d 进行高浓度盐水浴（1%）。在使用药物的过程中，包囊可阻隔药物渗透，所以需要多次用药。

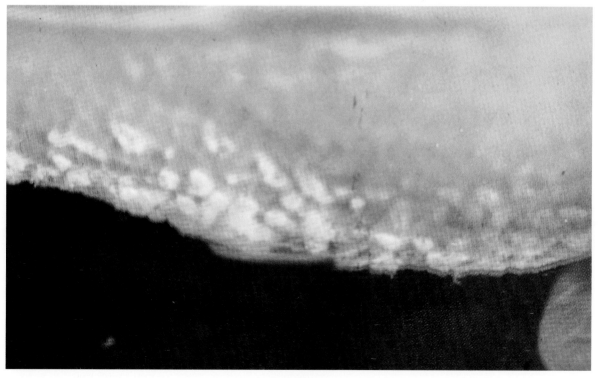

白点病病鱼

累枝虫病

【病原】累枝虫，属纤毛虫，虫体呈杯状，口缘纤毛发达，常见为群体生活。

累枝虫

【症状】初期症状为该虫聚集处可见白点，乍看与白点病相似。体表尤其是体侧侧线鳞附近、鳍尖处更容易出现白点，比白点病的颗粒稍大。中期症状为患部全部被白斑覆盖。病症加重后，患部全部充血，鳞片竖起、剥落，有的甚至露出肌肉，该病与穿孔病易混淆。到重度症状产生溃疡后，可致二次感染，出现绵毛状真菌附生。另外，池水中的污泥粘在锦鲤体表时，看起来和白云病的症状相似。

【流行】水温12℃以上。

【发病年龄】全龄。

【对策】长时间进行盐水浴（0.5%）有效。

被累枝虫寄生的病鱼体表

单极虫病

【病原】 体表单极虫或肠（吉陶）单极虫，属于黏孢子虫，所以此病又可称为孢子虫病。单极虫的孢子呈梨形，大多数由2片几丁质壳包裹而成。

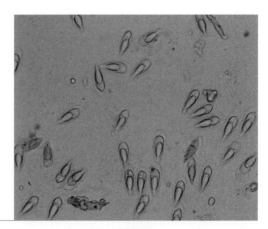

单极虫

【症状】 不同种类的虫寄生部位、症状不同，病名也不同。被体表单极虫寄生的称为出血性单极虫病，该病初期可在头部或鳞片上观察到0.5～3mm白色结节，病情严重时可见炎症、严重出血，病鱼无食欲、身体衰弱。肠管内部被肠单极虫寄生的病例，为和体表寄生的情况区分，称为肠单极虫病。肠内出现数个结节，伴有腹部膨胀。黏孢子虫类单极虫在感染锦鲤之前需要中间宿主，所以不会出现一尾锦鲤感染另一尾锦鲤的现象。丝蚯蚓是肠单极虫的中间宿主。

【流行】 初夏至秋季，即5—10月。

【发病年龄】 全龄。

【对策】 无有效治疗方法。可通过对池底污泥进行有效消毒，消除中间宿主进行预防。

碘泡虫病

【**病原**】鲤碘泡虫或饼形碘泡虫，属于黏孢子虫，碘泡明显。

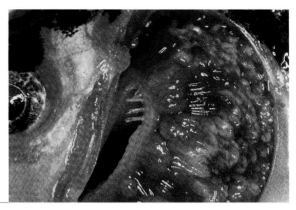

碘泡虫

【**症状**】不同种类的碘泡虫感染部位和症状不一样。寄生在鳃部的鲤碘泡虫会引起鳃碘泡虫病，伴有鳃部瘤状结节，黏液分泌过多。携带寄生虫的鳃部可观察到孢子，鳃前端可见褪色、缺损。重症鱼鳃部肿胀严重，鳃盖持续张开，头部肿大。饼形碘泡虫寄生在肌肉上，引发肌肉碘泡虫病。用显微镜观察可见肌肉内有几毫米大的结节，寄生数量少时，用肉眼无法发现。大量感染寄生虫的重症病鱼肌肉隆起，呈贫血症状，可导致慢性死亡。

【**流行**】水温25℃以上。

【**发病年龄**】稚鱼。

【**对策**】无有效治疗方法。驱除中间宿主丝蚯蚓是有效对策。

碘泡虫导致锦鲤鳃部肿胀

肤孢虫病

【病原】 肤孢虫，孢子呈圆球形，内有一大折光体，可产生不同形状的包囊，包囊内含有大量孢子。

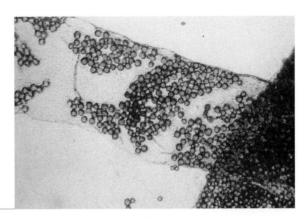

肤孢虫

【症状】 虫体可在鳃和体表寄生，体表寄生的为盘卷成团的线状包囊，一条鱼上可发现许多包囊，被寄生的病鱼在池底、池壁等处摩擦身体，没有其他特殊症状可以判断是该病。外观可见体表虫体寄生处隆起，伴有出血和溃疡时，可发现患部虫体。

【流行】 水温 20 ～ 25℃（春至初夏）。

【对策】 尚无有效治疗方法。有使用晶体敌百虫药浴治愈的案例。30℃以上的升温治疗可自然痊愈，科学依据不明。

被肤孢虫寄生的患部

 二、真菌性疾病

水霉病

【病原】水霉菌，是一种腐生菌和寄生菌，具有明显的季节性，和植物一样分为两部分，内菌丝纤细繁多，深入鱼体吸收营养，外菌丝少而粗壮，在基物上形成白色絮状。

水霉菌菌丝

【症状】20℃以下水温适宜水霉菌繁殖，水温骤降引发的低温冲击、选别及其他操作造成的擦伤也可能引发该病。对于因其他病原患病的鱼，也可能因二次感染发生此病。绵状病原菌附着在锦鲤体表和鳃部，菌丝深入侵蚀肌肉，可见患部发红，有糜烂症状。患部有液体流出，侵入水中，致病鱼不能调节渗透压，致死的不在少数。

【流行】水温 10 ～ 20℃。

【发病年龄】全龄。

【对策】使用盐水浴（0.5% ～ 0.7%）有效。使用药浴、盐水浴时，饲育池的水温保持在 20℃以上有辅助效果。投入维生素有助于提高皮肤对擦拭和外伤的抵抗力，有预防和治疗效果。

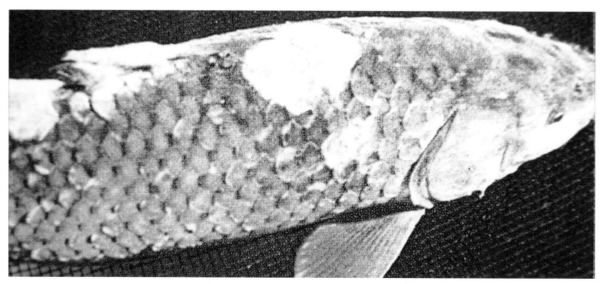

患水霉病的鱼

三、 细菌性疾病

柱 状 病

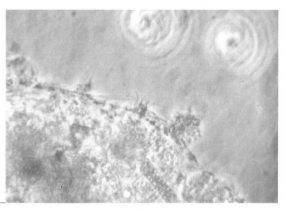

柱状黄杆菌

【病原】柱状黄杆菌，以前称为柱状屈桡杆菌，菌体细长、柔韧可弯屈，可在湿润固体上滑行，有团聚的特征。

【症状】该病是具有代表性的细菌感染症，与环境水接触的所有部位都会出现症状，每个发病部位表现出来的症状不一样，所以以前被当作不同的疾病，现在统一称为柱状病。感染症状出现在口部叫烂口；感染鳍部使之出现损伤称为烂鳍或烂尾；感染体表时，皮肤出现被侵蚀的症状，称为体表柱状病；感染鳃部时称为烂鳃。口部感染后周边发红，一般会殃及眼睛。病情严重时会伤及骨骼，有的病鱼口周出现缺损。感染鳍部时，细菌集中部位会出现黄白色斑点，逐渐扩展，症状加重后出现鳍膜开裂、腐蚀等情况。体表发病时，最初可见患部周边发红，之后黏膜逐渐剥落，体色出现斑块。细菌在鳃部形成根据地后，可见黄白色斑点。黏液分泌激增，之后出现部分缺损。随着症状加重，病鱼出现摄食量下降，游动无力的情况。鳃部出现症状时，致死的可能性很高，需迅速治疗。

【流行】水温18℃以上。

【发病年龄】全龄。

【对策】投入含有抗菌剂的药物有效，同时使用盐水浴（0.5%）可提高效果。

全身感染柱状黄杆菌的鱼

穿孔病、新穿孔病

【病原】非典型杀鲑气单胞菌，属气单胞菌，无鞭毛，不运动。

患新穿孔病的鱼

【症状】20世纪70年代，锦鲤界穿孔病大肆流行，人们始终都采取投入含抗菌剂的药物进行治疗，并对此法过度依赖。90年代后期穿孔病再次流行，发病症状和以前略有不同，因此后来流行的病例称为新穿孔病。而新穿孔病一直没有衰退的迹象，对各种抗菌剂都有耐药性，这种病与原来的穿孔病在性质上有很大不同。对比两者，穿孔病只在成鱼躯干的一个地方出现，但新穿孔病在当岁鱼和小型鱼中也会出现，而患部也出现在躯干之外的地方，可见肛门出血、眼睛凹陷等症状，出现多处病灶。现在的穿孔病多为新穿孔病。初期症状是一片鳞片白浊，之后鳞片竖起，可见周边或鳞下出血。而后鳞片脱落，露出真皮或肌肉。口部发病时，整个口部发红，出现炎症，之后有的病鱼骨骼崩坏，但各个内脏器官用肉眼看不出异常。该病致死性低，在中高水温环境可能发病。

【流行】水温15～25℃。

【发病年龄】全龄。

【对策】穿孔病可投入含抗菌剂的药物治疗。新穿孔病的病原体为耐药菌，投入药剂的治疗效果差，注意提高鱼体体质，早期泼洒药物预防。

患新穿孔病的鱼患部

运动性嗜水气单胞菌症

【病原】嗜水气单胞菌，短杆菌，革兰氏阴性菌。

竖鳞症状加重，出现脱鳞的情况

【症状】池水水温不稳定的秋季到冬季以及开春这些时间段是该细菌感染症易发期。该病是淡水水域一直存在的细菌引发的常见感染症。做好日常管理工作，提高锦鲤免疫力、避免发病是最重要的对策。该病病发有个过程，俗称赤斑病或竖鳞病，症状很明显，所以很容易判断病鱼患了该病。症状表现为病灶黏液分泌异常、体表发白，之后出现皮下出血、鳍条出血，鱼体可见红斑。泄殖孔发红是内脏异常引起的肠炎，口部也出现炎症，然后腐烂、缺损。可观察到眼球突出、腹积水导致腹部肿胀的情况。病情严重时，腹积水显著增加，伴有肌肉浮肿，鳞囊内有水样物，导致出现竖鳞症状。晚期病鱼失去游动的力气，继而死亡。

【流行】水温 15 ~ 30℃。

【发病年龄】全龄。

【对策】投入含抗菌剂的药物有效，该菌可在含盐量 0 ~ 4 的水中生存，盐水浴效果不佳。

病鱼鳞片竖起

患竖鳞病的鱼

细菌性白云病

【**病原**】荧光假单胞菌，呈杆状，属革兰氏阴性菌，有鞭毛，能分泌荧光色素、发出荧光。

患白云病的鱼头部

【**症状**】头部、躯干、鳍部黏液分泌过多。体表失去光泽，皮肤粗糙，皮肤全部被较厚的白色黏液覆盖。为了和寄生虫引发的白云病症状区别开来，称为细菌性白云病。口部发红，很快出现损伤。鳍及体表可见出血、充血，特殊情况有出现竖鳞症状的，是典型的急性全身性疾病。病鱼食欲不振，后变得细瘦；不久后游动不活跃，漂游在水面，离群，靠近注水口漂着；重症时沉到池底不动。

【**流行**】4℃以上，冬季。

【**发病年龄**】全龄。

【**对策**】投入含抗菌剂的药物治疗有效。

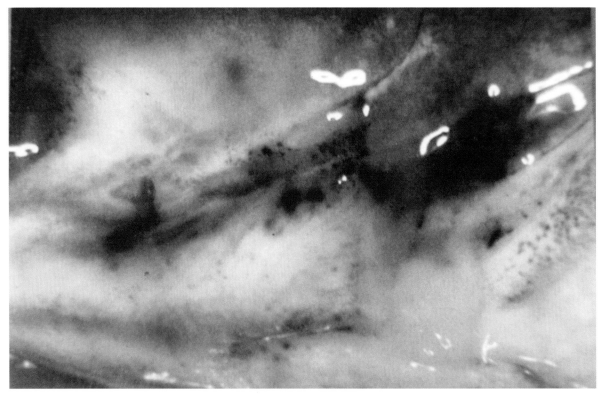

细菌性白云病

头部被厚厚的白色黏膜覆盖，伴有患部发红症状

抗酸菌症

【病原】 非定型抗酸菌（无色分枝杆菌）。

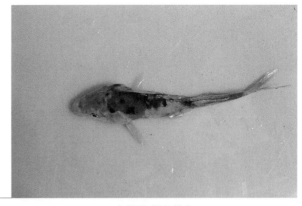

患抗酸菌症的鱼

【症状】 表现为背部细瘦。病鱼食欲不振导致身体细瘦，游动缓慢。症状加重时鳔前室异常膨胀，虽然背部细瘦，但腹部前方膨胀。解剖可见鳔前室白浊肥厚，鳔后室萎缩，腹部积水。从发病到死亡跨越的时间较长，但致死率很高。

【流行】 秋季至春季（越冬期间）。

【发病年龄】 当岁。

【对策】 加温水体至 30℃，保持 1 周以上，同时投入大环内酯抗菌剂有效。

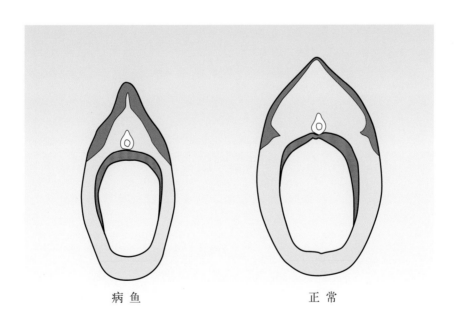

病鱼　　　　　　　　　　正常

患病鱼体与正常鱼体的横切面

四、病毒性疾病

鲤浮肿病

病鱼的鳃部

【病原】痘病毒（鲤浮肿病毒），是病毒粒最大的一类 DNA 病毒，有核心，核心含有与蛋白结合的病毒 DNA。

【症状】在水温不稳定的梅雨期，发生在孵化后不久的稚鱼身上，可致稚鱼大量死亡。稚鱼发病时，一夜之间，可全部死亡。当岁鱼或成鱼发病后基本不能游动，无食欲，不进食，后体力下降，游动缓慢，聚集到池底，像是睡着了一样横卧；受到外界刺激后，暂时像醒过来一样开始游动，很快又卧倒。外部可见浮肿，即鱼体肿大症状，伴有黏液分泌异常、褪色，体表出现炎症、出血等，也可见眼球凹陷。体表粗糙、缺乏光泽。使用显微镜观察病鱼的鳃，可见鳃瓣粘连呈棍棒状。病鱼失去从水中吸入溶解氧的能力，出现缺氧症，渗透压调节功能下降，以致死亡。

【流行】水温 15 ~ 28℃。

【发病年龄】稚鱼、当岁鱼至成鱼。

【对策】盐水浴（0.5% ~ 0.6%）有效。采用水温 25℃以上的升温治疗可提高治疗效果。使用含氯制剂给发病池消毒，可防止病情蔓延。

患鲤浮肿病的鱼（上）和健康的鱼（下）

鲤痘疮病

●

【病原】鲤疱疹病毒Ⅰ型（KHV–Ⅰ型）。

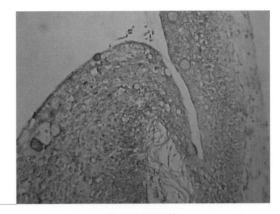

KHV–Ⅰ型病毒

【症状】鲤痘疮病是病毒感染病，病鲤皮肤最外侧表皮的上皮细胞增生，体表及鳍部形成5mm左右的白色或透明乳头肿，患部凸起，伴有出血时的乳头肿变为粉色。该病在日本俗称鲤痘，还有一个名字是痘病毒感染症。现在已经明确是疱疹病毒感染病，病原和KHV是同一种属的病毒。

【流行】水温14～18℃，高于18℃痘疮消失。

【发病年龄】全龄。

【对策】水温达到18℃以上后病毒不再增殖，加温饲育1周左右痘疮可自然剥落。

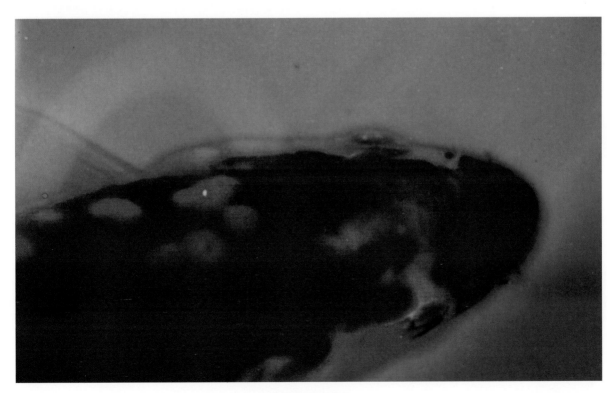

患鲤痘疮病的鱼

锦鲤疱疹病毒病

【病原】 鲤疱疹病毒 III 型（KHV-III 型），属疱疹病毒科，病毒有囊膜，核酸为双链 DNA。

感染 KHV-III 型的病鱼

【症状】 一般称 KHV，是世界动物卫生组织（OIE）必须申报的疾病。病鱼摄食量小，有气无力地漂在水面，游动不活跃，之后沉在池底一动不动。观察鱼体可见体表黏液分泌过多，有炎症，出血；体表生斑，颜色变黑，失去光泽；眼球凹陷。病毒感染鳃部后，鳃上皮细胞异常增生，鳃瓣呈棍棒状，因此出现低氧症，渗透压调节不良。死亡率可达 80% ~ 100%。

【流行】 水温 22 ~ 28℃。

【发病年龄】 全龄。

【对策】 如果怀疑是该病，应迅速向当地检疫部门的负责人报告。不带入病鱼是最基本的原则，防疫对策要从隔离饲养开始。严禁升温治疗。有部分报道采取升温治疗有效，但把病毒完全排出鱼体非常困难，虽然看起来像是治愈了，但治愈后的鱼会再次传播病毒。

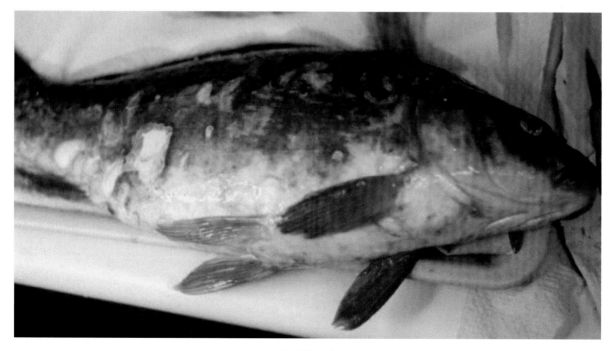

KHV 导致锦鲤内出血

鲤春病毒病

【病原】 弹状病毒，外形似子弹，是单链RNA病毒。

【症状】 锦鲤只感染弹状病毒的话，不会立即出现症状，但二次感染气单胞菌属细菌后，鳃基部及鱼体表面所有地方都会有出血、糜烂、溃疡、脱鳞等病灶形成。单独感染杀鲑气单胞菌时，表现为和新穿孔病同样的症状。无法当场从外观上判断是哪种病，因此被归为新穿孔病。在鱼病学领域，因为该病有病毒介入，被归为异类穿孔病。

【流行】 水温15～20℃。

【发病年龄】 全龄。

【对策】 抗菌剂有时也可以缓解因二次感染的细菌引起的症状，但无法根治本病。

五、其他疾病

生殖腺囊肿

囊肿离体观察

【病原】尚不明确。

【症状】以前称为卵巢囊肿、胀满，未用于产卵的雌鲤发病率很高，一度认为该病仅见于雌鲤，但近年来雄性成鱼也出现酷似精巢囊肿的病例。解剖观察可见囊肿物理性压迫导致的各脏器萎缩、变形，肌肉浮肿。囊肿恶性居多，转移现象常见。

【流行】雌鲤居多。

【发病年龄】4龄以上成鱼。

【对策】除外科摘除外无其他治疗方法。雌鱼每年都进行繁殖有助于预防该病。

解剖观察患生殖腺囊肿的病鱼

潜 水 病

【病原】尚不明确。

【症状】鳔中产生积液，锦鲤失去浮力不能游动，沉在池底不动。初期症状为浮力开始消失，为维持鱼体姿势，锦鲤急躁地抖动胸鳍；受到刺激时就稍微动一下，吃饵时暂时浮上来，然后又很快沉下去。因为一直沉在池底不能动，锦鲤腹部容易擦伤。解剖可见鳔内充满无色透明或黄白色的有点浑浊的液体。有时鳔中还可检测出细菌。

【流行】食欲旺盛的大型鱼频发。

【发病年龄】以成鱼为主。

【对策】尚无有效治疗方法。抽出鳔内液体可暂时恢复，但没有排除根本病因，所以多会复发。

鳔

健康锦鲤的鳔后室（右）比鳔前室（左）小，潜水病病鱼的鳔后室膨胀且充满积液

绯 食 病

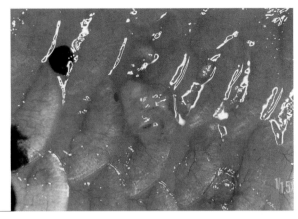

绯斑中出现"绯食"

【病原】原因不明。

【症状】形成绯盘的色素细胞肿瘤化，之后绯盘失去色泽，有的会慢慢出现"擦拭"状态。肉眼能看到绯盘上的肿瘤时，患部已经相当大型化、扁平化，表面凹凸不平，呈橙色或皮肤色。一般这种状态会持续很长时间，也有肿瘤和绯盘一起消失的。总的来说，色素细胞肿瘤化后剥落，绯盘随之消失。

【流行】红白、白底三色、墨底三色易发此病。

【发病年龄】成鱼。

【对策】目前无治疗方法。

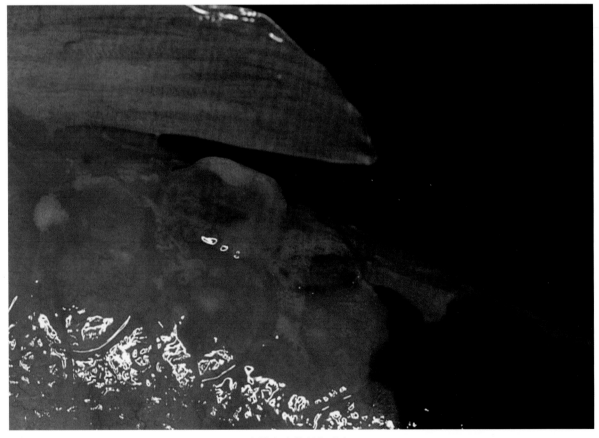

患绯食病的锦鲤患部

第三节 无害化处理

饲养锦鲤的目的，无论是出于商业盈利还是出于个人爱好，都应该保持环境卫生。污水会污染地下水和饮用水源，锦鲤尸体腐烂会污染空气，若不经过人工处理，人类居住的环境就会深受影响。

一、锦鲤养殖废水处理

我国现行水产养殖水排放实施国家农业行业标准——《淡水池塘养殖水排放要求》（SC/T 9101—2007），如下表所示。

养殖水排放要求

序号	项目	一级标准	二级标准
1	悬浮物，mg/L	≤ 50	≤ 100
2	pH	6.0 ~ 9.0	
3	化学需氧量（COD），mg/L	≤ 15	≤ 25
4	生化需氧量（BOD），mg/L	≤ 10	≤ 15
5	锌，mg/L	≤ 0.5	≤ 1.0
6	铜，mg/L	≤ 0.1	≤ 0.2
7	总磷，mg/L	≤ 0.5	≤ 1.0
8	总氮，mg/L	≤ 3.0	≤ 5.0
9	硫化物，mg/L	≤ 0.2	≤ 0.5
10	总余氯，mg/L	≤ 0.1	≤ 0.2

锦鲤养殖污水经处理后，一般要求达到二级标准，排放到"一般水域"即可。在工厂化养殖产生的废水中，悬浮物和pH基本不会超标，残饵、粪便会导致水中化学需氧量、生化需氧量以及总磷、总氮、硫化物含量的升高，含锌药物会导致锌含量的升高，硫酸铜药物会导致铜含量的升高，氯制剂药物会导

致氯含量的升高。降解这些污染物简单而有效办法是建立污水处理池，应用生物方法处理，生态环保，不会产生二次污染。水草、浮游生物等在其中发挥主要作用，最重要的是有益菌。为缩短时间，可人工加入菌种，经过数日净化处理，待水质达标后排放出去。

二、　锦鲤尸体处理

2013 年，农业部印发了《病死动物无害化处理技术规范》，适用于锦鲤行业。由于锦鲤一般不会出现大规模疫病死亡情况，所以处理起来相对容易，该规范里阐述了四种处理方法，分别是焚烧法、化制法、掩埋法和发酵法。如果因 KHV 等因素导致锦鲤死亡的情况，要及时向检疫部门请教无害化处理方法，控制疾病传播速度。适合锦鲤的简单易行的处理方法是掩埋法，爱鲤去世，就让它"化作春泥更护花"吧！

附录一 名词解释

真鲤：自然状态下的野鲤和人工养殖的食用鲤都是真鲤。

红白：锦鲤的代表品种。白底上有绯色斑纹的锦鲤，与白底三色、墨底三色并称御三家。

白底三色：锦鲤的代表品种，一般简称大正。与红白、墨底三色并称为御三家。

墨底三色：红白上有写墨的锦鲤，锦鲤的代表品种，一般简称昭和。与红白、白底三色并称御三家。

近代墨底三色：墨底三色中白底多，绯、墨少的墨底三色。

御三家：受欢迎的红白、白底三色、墨底三色这三个品种的合称，又叫大三家。

影墨底三色：有影墨的墨底三色。

金墨底三色：全身闪光的墨底三色。

墨底三色秋翠：德国墨底三色的一种，背部有秋翠特有的蓝色。

绯墨底三色：白底少、绯斑多的墨底三色。

写类：白写、绯写等写系锦鲤的总称。墨底三色有时也被归为写类锦鲤。

白写：漆墨肌底有白色花纹的锦鲤。是大正14年，新潟县山古志村虫龟的丰村一夫培育出来的锦鲤。

绯写：全身红色、有写墨的锦鲤。

黄写：黄色肌底有写墨的锦鲤。也称黄移。

光写：全身发光、有写墨的锦鲤总称。代表品种有金墨底三色、黄金写、银白写。

闪电（稻妻）：从头部到尾部有像闪电一样的"之"字绯模样的锦鲤。

别甲：纯色肌底上散布成块墨斑的锦鲤的总称，有白别甲、赤别甲、黄别甲等。

白别甲：全身白色、有成块墨斑的锦鲤。

赤别甲：全身绯色、散布成块墨斑的锦鲤。

黄别甲：黄底上有成块墨斑的锦鲤。

和鲤：日本锦鲤品种，非德国鲤的品种。

德国鲤：日本明治37年（1904年）从德国引进的鲤。有的德国鲤身体的一部分有鳞片（镜鲤），
　　有的德国鲤完全没有鳞片（革鲤）。

镜鲤：沿背部或侧线排列着大鳞片的锦鲤。只有背鳍根部有一列鳞片的称为镜鲤。

秋翠：浅黄的德国种。头部秃白，背部呈澄清的蓝色，腹部、两颊等有绯色的锦鲤。

花秋翠：侧腹部有红斑模样的秋翠。

三色秋翠：德国三色的一种，背部有独特的青色。

衣：红白的绯斑上有蓝墨或薄墨的锦鲤。根据衣墨的颜色分为蓝衣、黑衣、葡萄衣等。

蓝衣：红白的绯盘鳞片前端出现半月形的蓝色，呈网眼状，并且蓝墨只出现在绯盘，没有进入白底。另外，原则上头绯也不能出现蓝墨。

银鳞蓝衣：鳞片变异为银鳞的蓝衣，也叫蓝衣银鳞。

葡萄衣：绯斑的鳞片出现葡萄色半月形，模样呈网眼状。

绯衣：白底少、绯盘多的衣锦鲤。类似于赤三色。

黄金：全身呈金色的锦鲤。现在所有光泽类的祖先都是黄金。

绯松叶黄金：闪光的绯松叶。

铂金黄金：体色纯白、全身闪耀铂金光的锦鲤。

铂金红白：铂金肌底有红白模样的锦鲤，也叫更纱黄金。

山吹黄金：纯黄色闪光的锦鲤。

昔黄金：山吹黄金等改良前的黄金。总的来说就是老品种的黄金。

孔雀黄金：铂金上有绯斑，鳞呈松叶状的锦鲤。

橙黄金：全身呈橙色、鳞片发光的锦鲤。

橙德国黄金：德国系锦鲤，全身呈橙色、闪光，也称德国橙黄金。

浅黄：背部为蓝色，呈网眼状，腹部和颊有绯的和鲤。头部无白色，网眼漂亮整齐者比较受欢迎。

浅黄三色：浅黄上有白底三色那样散布的成块的墨斑的锦鲤。

五色：青底上长有红和黑两种模样，全身紫色调有薄茶色斑点出现的锦鲤。白、赤、黑、蓝、青混在一起，可见五种颜色，故称五色。

茶鲤：全身纯茶色的锦鲤。

赤棒：全身呈红色的纯色锦鲤。大部分在选别阶段被处理掉。类似品种有赤无地、红鲤。

金棒：真鲤的背筋闪金光的锦鲤。

银棒：真鲤的背筋闪银光的锦鲤。

绯鲤：纯绯色锦鲤。绯色非常浓的叫做红鲤，是观赏要点，也叫赤无地。

红鲤：绯色非常浓者称红鲤。绯色鲜艳并且呈大块者极具观赏价值。

无地：纯色无模样的锦鲤，如光无地、赤无地、白无地。

赤无地：全身纯红色的锦鲤。

白无地：全身纯白色的锦鲤。选别时基本被处理掉了。

锦水：秋翠和黄金鲤交配的绯斑较多的品种。

银水：秋翠与黄金鲤交配的品种，红斑较少。

九纹龙：白底上有像晚霞一样的墨，现在是德国鲤乌鲤系的总称。

光泽类：全身发光锦鲤的总称。光无地、光写、光模样的总称。

光模样：全身发光，写系列之外的有模样的锦鲤总称，包括孔雀黄金、大和锦、张分等。

张分：有两种颜色的光模样。

光无地：全身闪光，没有模样的锦鲤总称。有山吹黄金、铂金黄金等品种。

银鳞红白：鳞片变异为银鳞的红白，也叫红白银鳞。

银鳞三色：鳞片变异为银鳞的白底三色。

银鳞墨底三色：鳞片变异为银鳞的墨底三色。

银鳞白写：鳞片变异为银鳞的白写。

银鳞别甲：鳞片变异为银鳞的别甲。

银鳞丹顶：鳞片变异为银鳞的丹顶，多指银鳞丹顶红白。

银鳞茶鲤：鳞片变异为银鳞的茶鲤。

银鳞大和锦：全身闪光的白底三色，身上长着银鳞的锦鲤。

钻石银鳞：像切割后的钻石一样闪烁着放射状光芒的锦鲤，也称广岛银鳞或广岛锦。

丹顶：头部有圆形绯斑的锦鲤，一般指丹顶红白。

丹顶三色：头部有圆形绯斑，白底上有散布成块墨的锦鲤。

丹顶墨底三色：头部有圆形绯斑，白底上有写墨的锦鲤。

丹顶五色：头部有圆形绯斑的五色品种锦鲤，在品评会上被看作五色。

角丹：丹顶的一种，头绯不是圆形，接近四方形。

黑丹顶：头部长有圆形墨斑的锦鲤。

松川化：乌鲤系锦鲤，白底上长有漆黑的墨。随着季节的变化，墨的位置、模样的形状都跟着变化。

松叶：每一枚鳞片都浮现黑色并呈网眼状。根据肌底不同分为赤松叶、黄松叶、白松叶等。

赤松叶（红松叶）：肌底为纯红色，每个鳞片都浮现黑色并呈网眼状的锦鲤，也叫绯松叶。

黄松叶：肌底为纯黄色，各个鳞片都浮现黑色并呈网眼状的锦鲤。

白松叶：肌底为白色，各个鳞片都浮现黑色并呈网眼状的锦鲤。

金松叶：全身闪光的松叶系锦鲤，也叫松叶黄金。

银松叶：全身闪耀银光的松叶系锦鲤。

松叶黄金：金色肌底，每一枚鳞片都有黑色浮现且呈网眼状。

樱黄金：鹿子红白的光泽类。

鹿子：红斑不成块，一片片的鳞呈红色，飞斑状。指鹿子模样。

鹿子红白：绯斑呈鹿子状的红白。

鹿子白底三色：绯斑呈鹿子状的白底三色。

鹿子墨底三色：绯斑呈鹿子状的墨底三色。

赤三色：全身白底少、绯盘多的白底三色。赤三色是习惯用语，不是品种名称。

化：模样随水温变化的锦鲤，例如松川化（锦鲤品种）。

大和锦：白底三色的光泽类。铂金底的白底三色，也称为铂金三色。

菊水：德国鲤在铂金底上出现流水一样的绯模样。张分的一种。

黄鲤：肌底是黄色的纯色锦鲤。

水浅黄：背部呈浅青色的浅黄锦鲤。

绿鲤：呈明亮绿色的秋翠系锦鲤。

落叶时雨：肌底薄紫色、斑纹呈枯叶色的锦鲤。

羽白：乌鲤系中只有胸鳍前端是白色，其他部位都被漆黑的墨覆盖的锦鲤。

四白：乌鲤系中两个手鳍（胸鳍）、背鳍、尾鳍 4 个地方为白色，其他部位都被漆黑的墨覆盖的锦鲤。

附录二 相关术语

 一、 锦鲤的墨

墨：指锦鲤黑色的斑纹。和绯斑一样，同是观赏要点。根据墨的质地和形状分为三色墨、写墨、蓝墨、影墨等。呈整块斑纹者为佳，飞墨、砂墨则不佳。不同的墨质会被比喻为漆黑、锅底黑等。

写墨：墨底三色、白写系的墨。与白底三色在形状和墨质上都有区别。

蓝墨：指蓝衣的墨。与白底三色和写类大量的墨斑不同，是发青的蓝色覆盖在绯盘上，呈网眼状的更受好评。

本墨：浓黑的墨，与薄墨相对。

丸墨：圆形的白底三色的墨。

漆墨：像漆一样，光泽好的上等墨质，多用于白底三色。

重墨：叠在绯斑上的墨。

影墨：写类锦鲤的底色被流出来一样的薄墨染呈网眼状的样子。

头墨：头部有墨，有时也指上半身的墨斑。

薄墨：颜色浅的墨，质量不好的墨，也叫未完成墨。

大墨：大量集中的墨。另外，墨非常多的锦鲤也被称为大墨型锦鲤。与小墨相对。

肩墨：肩口有墨色。白底三色的要点之一。

纽墨：像绳子一样细长的墨。

口墨：嘴前的墨斑，写系的特征。

底墨：未浮上表面，沉积在白底之下的青墨。

两段墨：指绯盘上重叠的墨，也叫重墨。主要出现在白底三色这个品种上。

重：模样太多，白底少，墨过多。

两奴：指浅黄或秋翠两颊有墨。被认为是优点。只有一边有墨的称为片奴。

散墨：不成块的、分散的小墨斑。

二、 锦鲤的外观

脸：指头顶。头部有恰到好处的模样，会说成脸长得好。

钵：指头顶部。

须：口周有两对须，是锦鲤在泥里寻找食物的感觉器官。

颚：口前到眼下方的部位。在锦鲤界也包含鳃盖部。

颈：头后部与肩连接的有鳞片的部位，一般指整个肩部。

鳄口：畸形。口部裂开像鳄鱼嘴一样的锦鲤，多是先天性的。

鼻：从鼻孔到口端的部分，也指鼻孔部。

仰鼻：水中溶解氧不足时，鱼到水面呼吸的状态。

鳃：锦鲤的呼吸器官，被鳃盖覆盖。

鳃盖：覆盖鱼鳃的盖状骨头。

表皮：体表外侧的皮，在真皮之上。表皮可分泌黏液保护体表。

真皮：体表内侧的皮，在体表之下。鳞片从真皮分化而来，内有神经和血管，还含有色素细胞。

色素：存在于真皮，锦鲤的色彩源于这四种色素：黑色素、黄色素、红色素、白色素。

厚皮：表皮感觉很厚的锦鲤。

薄皮：皮肤看起来很薄的锦鲤。

鳞：像瓦片一样覆盖在体表的薄片。

侧线鳞：体侧中央长有侧线的鳞。德国鲤的评审要点。

腹鳞：秋翠等德国鲤的侧线鳞。

背鳞：指背部的鳞。秋翠等德国鲤沿背部排列的鳞。

金银鳞：鳞片亮闪闪的锦鲤。一般指银鳞。白底上的称为银鳞，红斑上的称为金鳞。

镜鳞：指德国鲤的大鳞片。要求排列整齐，不可凌乱或重叠。

青鳞：沉淀在白底上看着像是青色的墨，或变成本墨之前的青墨。

透明鳞：指和鲤的很薄的鳞片，看着很通透。

无鳞鲤：有鳞片但薄而透明的和鲤。

粒银：鳞片中央浮现圆形发光的银鳞，也叫玉银。

荒鳞：德国鲤特有的大鳞，比和鲤的鳞片大。

大鳞：指德国鲤的大鳞片。

脱鳞：鳞片脱落。

再生鳞：鳞片脱落后重新长出来的鳞。

鳍：胸鳍、背鳍、腹鳍、臀鳍、尾鳍的总称，锦鲤重要的运动器官。

胸鳍：鳃后部的一对鳍。也叫前鳍、手、手鳍、羽、翅。

团扇：多用于表示光泽类的胸鳍，也有银扇、银鳍的叫法。

三角鳍：指畸形胸鳍。不呈圆形，而是像三角一样尖尖的鳍。

腹鳍：腹部中央的一对鳍。购买锦鲤时要注意腹鳍有没有缺损。

背鳍：背部中央细长的大鳍。

臀鳍：在腹部，肛门后面的单鳍。

尾鳍：尾部的大鳍。

腰：背鳍后部到尾部之间，也叫尾筒。

追星：产卵期在雄鱼的胸鳍、鳃盖上出现的白色角质凸起。

生殖孔：从外部看，雄性的小而略微凹进，雌性的略大而平整。

上半身：锦鲤背鳍基部到头部附近的部分，也叫前半部。

下半身：锦鲤背鳍基部之后到尾鳍的部分，也叫后半部。

背肉：紧贴背鳍两侧的肌肉。

侧线：体侧中央，从头部到尾部的鳞上排列的一列小孔。

素质：指锦鲤的潜质、质量和血统。

体型：身体的形状、体态。

背脊（背筋）：从头部到尾部的脊部线条。

体高：背鳍基部到腹部底的最大距离。

体长：鱼类学上指从口端到尾根的长度。

排列：德国鲤鳞片的排列方式。

三、 锦鲤的各个阶段

黑仔：刚孵化的锦鲤苗，又称水仔或毛仔。

卵黄囊：刚孵化的鱼的腹部有卵黄囊，是鱼苗的营养来源。孵化后 2～3d 消失。

青仔：指孵化约 1 个月，体长长到 3～4 cm 发青的锦鲤鱼苗。因墨底三色和写类的鱼苗是黑色的，
　　称为黑仔。

新仔：当年孵化的锦鲤苗，不满 9 个月。

当岁鱼：当年出生满 9 个月的鱼。过了新年，当岁鱼被称为虚岁两岁。

稚鱼：不满 1 龄的锦鲤。

幼鱼：年龄幼小的锦鲤。但在品评会上不以年龄区分，而是以尺寸区分。

若鲤：2～3 龄的锦鲤。但是品评会上若鲤不按年龄分，而是按照尺寸区分。

立鲤：尚未成熟、有发展性、有前景的锦鲤，或 2 龄、3 龄等仍留养的锦鲤。

成鱼：年龄在 6 龄以上的锦鲤，但品评会按照尺寸而不是年龄来区分。

壮鱼：以前指 4 ～ 5 龄的锦鲤，现在品评会不按年龄，而是按尺寸区分。

早熟：年龄比较小的时候就长成的锦鲤。

晚熟：长到很大才养成、成熟晚的锦鲤。

中性：难以判断雌雄的锦鲤。一般 3 龄左右的锦鲤可作为亲鲤使用，到七八龄还无法判断雌雄就是中性了。

废鲤：淘汰的锦鲤。

四、 锦鲤的质地和花纹

肌底：体表光泽好的个体也可叫做肌底好，充血之类的叫做肌底不好。

地底：指鱼体表的基色。

光泽：锦鲤特有的体表光亮。表皮黏膜闪着光泽的锦鲤非常健康，色彩看着更加鲜艳。

色调：用来形容绯色。发黑的红色、柿子色、明绯色、紫红等各种红色的表现称为色调。

色泽：模样、斑纹等的光泽。

色扬：让绯色更浓的过程。锦鲤的色素不能全在体内生成。

绯质：绯色的质量。切边整齐，插绯浓者佳。

品味：体型、模样的位置、质量等给人感觉都很好。

斑纹：指模样。

大模样：指绯非常多，白底少。主要用于描述红白的绯模样。

小模样：白底多，整体模样少。

连续模样：不分段的模样，如稻妻（闪电）等。

山模样：身体左右的模样呈山形，从腹部卷上来的黑斑。

手缟墨：胸鳍上条纹状的墨模样，多见于白底三色等。

暗：形容对模样的印象，一般用于墨较多的白底三色或墨底三色。

和尚：头部没有模样的锦鲤，是缺点之一，但在头目没有染色、非常光滑的情况下，则被看做品质优良。

红斑：红白、白底三色等锦鲤的绯模样。

绯斑：指绯色模样。

前缘：指绯盘前侧的轮廓。插入的绯色比绯盘颜色薄，呈粉色。与插色相对，绯盘后侧和两边的轮廓
叫边缘。

口红：口部前端有红斑的锦鲤。

日之丸：指丹顶红白，就像太阳一样。

流红：指红白的模样从肩部到背部再到尾部像流水一样连续的模样。

吹：银鳞、衣的斑纹或肌底的银鳞等像是被吹出来的一样。

开窗：指斑纹中间的间隙。主要的绯斑中间有几片鳞如白底一般。

褪绯：绯色褪色。品质不好的锦鲤，绯色会全部褪色。

褪色：指模样逐渐变浅、消失。

面被：头部整体覆盖着绯模样。

颊赤：颊上有红斑。红白、白底三色最好不要有颊赤，浅黄、秋翠则是有颊赤者佳。

目赤：不是眼睛里面，而是眼周呈红色。

尾结：尾部的斑纹。

丸染：手鳍（胸鳍）根部染黑，端部为白色，是墨底三色、写类的特征。

丸点：头部绯斑呈独立圆形的红白、白底三色、墨底三色等。

两段：绯盘呈两段分布，针对红白和白底三色的绯盘而言。

三段：绯模样呈三段的锦鲤。如三段红白、三段三色。

四段：指绯斑分成四段。相关词语有 二段、三段。

绯：红白、白底三色等品种的红色模样。

头绯：头部的绯斑。

元赤：红白等的胸鳍根部小面积成块的绯。

鞋拔子：头绯呈鞋拔子形状。

卷腹：指绯斑向下卷到侧线以下，也叫腹卷。

片腹：只有一边的肚子突出来，畸形的一种。

白底三色腹：白底三色交配产生的红白。

色斑：绯斑等色彩不均匀，浓淡不一致，分布不紧密的斑纹。

乱纹：边缘凌乱的斑纹。

网：浅黄、松叶等品种的鳞片外缘颜色形成网眼状。

镶边：鳞周边的轮廓。大型黄金和松叶等非常重视镶边。

五、其他

杂羽：低级锦鲤，没有观赏价值的杂鲤。

赤棒：全身呈红色的单色鲤，大都在选别时淘汰。

六六鱼：鲤鱼的别名。鲤鱼的侧线鳞一般有 36 枚，让人联想到乘法口诀"六六三十六"，故得名。

三毛：白底三色的旧称。

花鲤：锦鲤的旧称，也称色鲤或变种鲤。

更纱：红白的旧称，现在仍有人使用。

造鱼：让鱼的骨骼坚固、体型良好。

图书在版编目（CIP）数据

锦鲤养殖大全 / 北京市水产技术推广站组编 . —北
京 ：中国农业出版社，2020.3（2023.12 重印）
ISBN 978-7-109-26680-3

Ⅰ．①锦… Ⅱ．①北… Ⅲ．①锦鲤－鱼类养殖 Ⅳ．
① S965.812

中国版本图书馆 CIP 数据核字 (2020) 第 042882 号

锦鲤养殖大全
JINLI YANGZHI DAQUAN

中国农业出版社出版

地址 ：北京市朝阳区麦子店街 18 号楼
邮编 ：100125
责任编辑 ：王金环
版式设计 ：王　晨　　责任校对 ：吴丽婷
印刷 ：北京缤索印刷有限公司
版次 ：2020 年 3 月第 1 版
印次 ：2023 年 12 月北京第 3 次印刷
发行 ：新华书店北京发行所
开本 ：889mm×1194mm　1/16
印张 ：9
字数 ：220 千字
定价 ：68.00 元